我们内心的冲突

[美] 卡伦·霍妮——著
田伟华——译

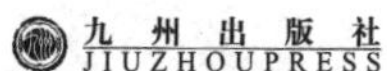

图书在版编目（CIP）数据

我们内心的冲突 /（美）卡伦 · 霍妮著；田伟华译 .
-- 北京：九州出版社，2019.6（2023.5重印）
ISBN 978-7-5108-8095-7

Ⅰ . ①我… Ⅱ . ①卡… ②田… Ⅲ . ①精神分析
Ⅳ . ① B84-065

中国版本图书馆 CIP 数据核字（2019）第 104729 号

我们内心的冲突

作　者	[美] 卡伦 · 霍妮　著　　田伟华　译
责任编辑	王丽丽
出版发行	九州出版社
地　址	北京市西城区阜外大街甲 35 号（100037）
发行电话	（010）68992190 / 3 / 5 / 6
网　址	www.jiuzhoupress.com
印　刷	三河市骏杰印刷有限公司
开　本	880 毫米 ×1230 毫米　　32 开
印　张	7
字　数	130 千字
版　次	2019 年 8 月第 1 版
印　次	2023 年 5 月第 2 次印刷
书　号	ISBN 978-7-5108-8095-7
定　价	49.80 元

前　言

写这本书是为了精神分析的发展。我分析患者，分析自己，积累了经验，就有了这本书。虽说此书中的理论形成于数年前，我的看法却是在准备美国精神分析研究院（American Institute for Psychoanalysis）赞助的系列讲座的时候最终变得清晰的。第一个系列的讲座谈的是技术，题目就叫《精神分析的技术问题》（Problems of psychoanalytical Technique）(1943)。第二个系列的讲座发表于1944年，讲的就是此书中要讨论的问题，题目为《人格的整合》（Integration of Personality）。从该系列演讲中挑选出的一些题材——如“精神分析疗法中的人格整合”（Integration of Personality in Psychoanalytical）、“冷漠心理”（The Psychology of Detachment）和“虐待狂倾向的意义”（The Meaning of Sadistic Trends）——已经在医学院（Academy of Medicine）以及精神分析协会（Association for the Advancement of Psychoanalysis）上讲过了。

我希望这本书能给那些致力于改进我们的理论和疗法的精

神分析学家提供一些用处。我还希望他们不但能把此书中的看法用在患者身上，也用在他们自己身上。精神分析若想发展，只有下苦功，既要改变自己，又要克服困难。不思进取，拒绝改变，我们的理论注定会变得贫瘠、僵死。

但我深信，任何一本书，只要谈的不只是技术问题或抽象的心理学理论，就应该会对那些想认识自己并且并未放弃为了自身的成长而奋斗的人有用。我们生活在问题成堆的文明中，多数人都有我在这本书中所讲到的那些冲突，都需要得到最多的帮助。虽说严重的神经症应该交给专家们处理，但我仍然相信，通过坚持不懈地努力，我们也能很有效地解决自己的内心冲突。

首先要感谢我的患者，在与他们共事的过程中，我对神经症有了更多的了解。还要感谢我的同事，他们对我做的事很有兴趣，理解我，鼓励我。我说的不只是上岁数的同事，还有在研究院接受培训的那些年轻人，他们严肃认真的讨论令人兴奋，也卓有成效。

我还想提三个人，他们不属于精神分析这个圈子，却以各自特有的方式支持了我的工作。首先是阿尔文·约翰逊博士（Dr.Alvin Johnson），他在一个正统的弗洛伊德分析学是唯一获得认可的分析理论与实践的流派的年代，让我有机会把我的看法提交给社会研究新学院。我尤其要感谢社会研究新学院哲学系和文科系主任克拉拉·麦尔（Clara Mayer）。她个人对我所研究的课题的兴趣从未中断过，年复一年鼓励我将分析工作中的每一个新发现提交讨论。然后我要感谢的是我的出版人W.W.诺顿先生，他为我提过很多有用的意见，为此书增色不少。最后，我要感谢的一个人，却不是分量最轻的那个，就是米内特·库恩（Minette Kuhn），他曾大力帮我更好地组织材料，更清晰地阐述我的看法。

序言

做研究的时候，不管出发点是什么，也不管研究的路途有多么曲折，我们最终会认识到，人格的紊乱是患病的根源。其实，其他的心理学发现差不多也是这么回事，就是一个重新发现的过程。从古到今，诗人和哲学家都知道，精神紊乱的人心中绝不会平静，头脑绝不会清晰，内心的冲突让他们苦恼不堪。用现代的词来说，就是每一种神经症，无论症状如何，都是人格神经症。因此，我们在研究理论、治病的时候必须朝着更好地理解神经症人格结构这个方向去努力。

其实，弗洛伊德的伟大先驱理论同这个看法越发契合——虽然他最初选用的办法不允许他最终做出明确的阐述。但其他那些继承并发展了弗洛伊德学说的人——其中著名的有弗朗兹·亚历山大（Franz Alexander）、奥托·兰克（Otto Rank）、威尔逊·赖希（WilhelmReich）、哈罗德·舒尔茨-亨克（Harald Schultz-Hencke）——已经更为明晰地界定了神经症人格结构的概念。不过，在这种人格结构的确切本质和能量上，还没有一致的看法。

我的出发点不同。弗洛伊德关于女性心理的假定让我开始思考文化因素的作用。男性气质或者女性气质是由什么组成的，每个人的看法都不一样，而文化因素明显影响着这种看法。我认为，弗洛伊德就是因为当初没有考虑到文化因素才最终犯了那么明显的错误。十五年来，我对这个问题的兴趣日渐浓厚。其中的原因，部分是我与埃里克·弗洛姆（Erich Fromm）的共事，埃里克的社会学和精神分析学知识都很丰富，让我更多地认识到社会因素的作用不只限于女性心理的研究。1932年我来到美国，证实了我的这种想法。然后，我发现美国人的态度和神经症在很多方面都与我在欧洲国家看到的不同，而只有文明的差异才能解释这种不同。我终于在《我们时代的神经症人格》（*The Neurotic Personality of Our Time*）这本书中总结了我的推论。我的主要论点是：神经症的根源是文化因素——更确切地说，神经症源于人际关系的紊乱。

写《我们时代的神经症人格》（*The Neurotic Personality of Our Time*）以前的那几年，我还研究了一点别的东西，那项研究源于早期的一些假说，围绕着神经症的内驱力是什么这个问题展开。弗洛伊德最先指出，文化因素就是强迫内驱力。他认为，这些内驱力追求满足，受不了挫败，人天生就有。因此，他相信这些内驱力并不只限于神经症本身，而是存在于每一个人身上。不过，若神经症源于人际关系紊乱，这种假设就不能成立。对于这个问题，我的看法简单来说就是：强迫内驱力为神经症特有，源于孤独、无助、恐惧和敌视这些感觉，虽然有这些感觉，却也代表着对付这个世界的手段，追求的主要是满足不是安全，强迫性源于潜藏在它们身后的焦虑。这两种内驱力——一种是对感情的病态渴望，一种是对权力的病态渴望——就第一次清晰地显现出来了，并在《神经症人格》（*The Neurotic Personality*）一书中做了细致的描述。

虽说保留了自认为是弗洛伊德的基本学说，但我那个时候意识到，由于我一心想找到一个更好的解释，结果让自己走上了一条不同于弗洛伊德的道路。如果那么多的被弗洛伊德视为人天生就有的因素其实是由文化决定的，如果那么多的源于焦虑、旨在和他人相处获得某些安全感、却被他视为了性欲的东西，其实是源于对感情的一种病态需要，他的里比多理论就站不住脚了。童年经历依然重要，但应该用一种全新的观念看待它们对我们生活的影响。其他的一些不同的理论也会不可避免地随之而来。因此有必要在心里厘清我和弗洛伊德学说的不同之处。厘清的结果就是《精神分析的新方法》（*News Ways in Psychoanalysis*）这本书。

与此同时，我继续研究神经症的内驱力。我把强迫性内驱力称为神经症倾向，并在我的下一本书中描述了十种这类倾向。那时候，我还认识到神经症人格结构具有关键性的作用。当时我把这种结构视作由很多相互作用的微观宇宙组成的某个宏观宇宙。每个微观宇宙的核心都是一种神经症倾向。这个神经症的理论有实用意义。如果精神分析主要依靠的并不是思考我们目前的麻烦与过去的经验之间的联系，而是依赖于理解我们现有人格中各种因素的相互作用，需要一点甚至完全不需要专家的帮助就完全可以认识和改变我们。面对对于精神分析疗法的广泛需要和能够得到的帮助稀缺的现实，自我分析好像提供了满足一项重大需要的希望。那本书讨论的主要是自我分析的可能性、局限性以及方式，我就把它叫作《自我分析》（*Self-Analysis*）。

然而，我并不完全满足描述个体倾向。虽说我准确描述了这些倾向，却总觉得就这么简单地把它们罗列一下会让它们显得太孤立。我能看出来，对感情和强迫性的谦卑的病态渴望，其实跟对“伴侣”的需要是紧密相连的。我没看出来的是，这些需要结合在一起，代表的是一种对人和对己的基本态度，一种特殊的人生哲学。这些倾向就是我此刻所召集的“亲近人”这类人的核心。我还看出，对权力和地位的强迫性渴望也有着类似的地方。它们大体构成了被我称为“对抗人”的那类人的因素。但对赞赏和完美的需要，虽然都有神经症倾向的特征，又都影响着神经症患者和他人的关系，但涉及到的似乎主要是自我间的关系。另外，对利用的需要，好像并没有对感情和权力的需要那么重要，也没有那么广泛，似乎并不是一个独立的整体，而是从某个更大的整体中分离出来的一部分。

我的疑问后来证明是有道理的。接下来的那几年，我的兴趣转移到了神经症冲突的作用上面。我在《神经症人格》中说过，神经症源于不同倾向的相互碰撞。我在《自我分析》也说过，神经症的倾向不但能相互增强，更能相互冲突。然而，冲突一直被看作次要问题。弗洛伊德也逐渐认识到了内心冲突的意义，却把这种冲突视为被压抑与压抑两种力量之间的争斗。我开始看到的那种冲突则不一样。它们作用于相互矛盾的神经症倾向之间，虽然最初只涉及到对他人的矛盾态度，最终还是会对自己、矛盾的性质和矛盾的价值观产生矛盾态度。

深入的观察让我明白了这类冲突的意义。首先，最令我吃惊的是患者并没有意识到他们内心所存在的这些显而易见的矛盾。当我给他们指出这些矛盾时，他们采取了躲避的态度，好像也失去了兴趣。这个实验我做了多次，意识到这种躲避说明他们极度反感解决这些矛盾。而在他们突然意识到这些冲突之后又会变得惊慌失措，这件事让我最终明白我在玩火。神经症患者有充足的理由回避这类冲突：他们害怕被自己的力量撕成碎片。

然后，我开始认识到神经症患者几乎是拼了老命、挖空心思去“解决”这类冲突，或者更确切地说，否认它们的存在，制造出一种虚假的和谐景象。我看到了四种解决此类冲突的主要尝试，我在此书中根据一定的顺序对这四种主要的尝试一一做了描述。第一个尝试是掩盖部分冲突的重要性，让其对立面占上风。第二个尝试是“回避”他人。我们对神经症的孤立功能如今已有了新的认识。孤立就是基本冲突的一部分——也就是对他人的一种最初的矛盾态度，考虑到在自我与他人之间维持一种感情上的疏离状态能让冲突失去作用，因此也代表了一种解决矛盾的试图。第三个尝试很不一样。神经症患者回避的不是他人，而是自己。他觉得他的整个真实的自我有些不真实，便创造了一个理想的自我形象取代它的位置，在这个人为创造的理想形象中，冲突的各个部分完全改变了原来的面貌，变成了一种复杂人格的不同侧面。这个看法帮助我们厘清了很多既无法理解又无法治疗的问题。这个看法也把以前死活不愿结合的两种神经症倾向结合到一起了。渴求完美如今就好像变成了竭力符合这个理想化的自我形象的要求；渴求赞美就可以被视作患者要求别人确认他自己就是那个理想化的形象。这个形象和现实的差距越大，对现实的需要就越难以满足。在解决这类冲突的所有尝试中，这个理想化的形象因为对整个人格有着深远的影响，所以很可能是最重要的。但反过来它又制造了一种新的内心裂痕，因此需要再修补修补。第四种解决此类冲突的尝试，虽说能偷偷地解决掉其他的冲突，但主要是为了消除这种裂痕。通过我说的“外化”手段，患者的内心活动就像是独立于自我的事件。如果理想化的形象意味着与真实的自我之间只有一步之遥，外化手段就代表了一种更严重的决裂。外化手段再次制造新的冲突，或者更准确地说，大大加剧了原有的冲突——自我与外界的冲突。

我把这些称为四种解决此类冲突的主要尝试，部分因为它们似乎在各种神经症里面经常发挥作用——尽管程度各异——部分因为它们导致人格的剧变。但绝对不只有这几种尝试。其他的不太重要的方式有：武断认定自己是正确的，这个办法的主要作用是压制心中的一切疑虑；僵化的自我控制仅凭意志的力量把分裂的个体组合到一起；犬儒主义贬低一切价值，消灭与理想有关的一切冲突。

与此同时，我逐渐清楚地认识到了所有这些尚未解决的冲突造成的后果。我看到了由此产生的恐惧、精力的浪费、不可避免的道德败坏以及因复杂的情感纠葛导致的深深的绝望。

我在理解了神经症患者的绝望之后才最终看清了虐待狂倾向的意义。我现在明白这种倾向代表的是那些“甚至连做自己都会感到绝望”的人一种尝试，想用替代性的生活获得某种补偿。他在虐待别人的时候常常表现出的那种极度疯狂的劲头儿，说明他极度贪恋这种惩罚性的胜利。这样我就懂了渴望糟蹋别人其实并不是一种孤立的神经症倾向，只是那个更广泛的整体在无休无止地表现自己，我们找不到更好的术语描述这个整体，暂且叫它虐待狂吧。

一种神经症理论就此逐步形成，其动力中心是“亲近人”“对抗人”和“回避人”这三种态度的基本冲突。患者一方面害怕被孤立，一方面又想融入整体发挥作用，于是竭尽全力试图解决矛盾。虽然他这样能够创造一种虚假的平衡，却也在不断制造新的冲突，不断需要新的补救措施消灭它们。在这个竭力融入整体的过程中，每走一步都会让患者更加仇视别人、更加无助、更加恐惧、更加疏远自己和别人，结果冲突的根源更加深重，冲突的真正解决更加遥遥无期。患者最后绝望了，或许想在虐待行为中寻找某种补偿，而反过来这又加剧了他的绝望，制造出了新的冲突。

这便是神经症发展及其导致的人格结构的一幅相当恐怖的画面。可我为何还要把自己的理论称为建设性的呢？首先，这个理论废除了坚称通过简单荒谬的手段就能治愈神经症的不切实际的乐观主义。但它同样废除了悲观主义。我说它有建设性，因为它第一次允许我们处理、解决神经症患者的绝望问题。我说它有建设性，主要因为，虽然它认识到了神经症患者情感纠葛的严重程度，却仍然提供了机会，让我们不但有可能调节潜在的冲突，更有可能真正解决它们，从而使我们努力获得真正的人格整合。理性的决定无法解决神经症冲突。神经症患者解决冲突的尝试不仅无益，反倒有害。但改变人格中促成冲突的条件能把它们解决掉。每一项分析性的工作，只要做好了，都能改变这些条件，因为它能让一个人不再那么无助、那么恐惧、那么不友善，那么疏远自己和别人。

弗洛伊德对神经症及其治疗办法持悲观态度，源于其不相信人性的善良和人的发展。他想当然地认为人注定要受苦，要毁灭。人的本能只能被控制，或者至多被“升华”。但我认为人既有能力也有愿望发展其潜力，变得更加高尚，如果他同别人以及自己的关系一再被打断，他的潜力就会受到削弱。我坚信，只要人还这个世界上生活，就能改变并且不断改变自己。我们理解得越深入，这个信念就会越成熟。

目录 CONTENTS

第一部分

神经症冲突和解决问题的尝试

冲突

第一章　激烈的神经症冲突

首先我要说的是：冲突并不等同于神经症。我们的愿望、兴趣和信念总会在不同的时间或场合与周围的人发生冲突。正如我们自己和周围的环境发生这样的冲突是一种常态，我们内心的冲突也是人生中一个不可缺少的组成部分。

动物的行为主要由本能决定。动物的交配、育雏、觅食以及防卫差不多都是被规定好的，个体意志无法左右。与之截然相反的是，人类能够做出选择，必须做出决定，既是人的特权，也是人的负担。我们或许必须在两种相反的欲望间做出选择。比如，我们或许想独处，却又想着与朋友共处；我们或许想研究医学，却又想学习音乐。或者在愿望和责任之间有冲突：我们想和心爱的人待在一起，可这时候有人陷入了困境需要我们照顾。我们既想跟别人好，又怕把心里的话说出来让对方难受，这样就让自己陷入了进退两难的境地。打仗的时候，我们既觉得上场杀敌是责无旁贷的事，却又觉得陪伴家人是应尽的义务，最后只能陷入两种价值观的纠葛之中。

这种冲突的种类、范围以及强度主要由我们生活的文明决定。文明稳定，传统固化，可供选择的种类就有限，个人可能发生的冲突的范围就窄。即便这样，冲突也是存在的。忠诚之间可能会有冲突；个人愿望与集体义务之间也可能会有冲突。但是，如果文明正处于快速过渡的时期，各种极度矛盾的价值观念与各种不同的生活方式并存，个人必须做出的选择就多种多样、难以理解了。他可以做本分人，也可以做异见者，可以群居生活，也可离群索居，可以崇拜成功，也可以鄙视它，可以严格教子，也可以不加太多干涉地任其发展；他可以信奉不同的男女道德标准，也可以认为男女拥有相同的道德标准，可以认为性关系是人类亲密关系的一种表现，也可以认为它与感情无关；可以怀有种族偏见，也可以认为人的价值与肤色或鼻子的形状无关——如此等等。

毫无疑问，文明人要时常做出这样的选择，而围绕这些选择引发的冲突也很常见。但令人吃惊的是，大多数人并没有意识到这些冲突，因此拿不出什么具体的办法解决它们。他们往往随波逐流，任由事件的摆布。他们不知道自己的立场，妥协了不知道，矛盾了也不知道。我在这里指的是正常人，既不是普通人也不是完美的人，而只是没有神经症的人。

因此，认识矛盾问题并在此基础之上做出决定是有先决条件的。一共有四重先决条件。我们必须意识到我们的愿望是什么，或者更重要的，意识到我们有什么样的感觉。我们是真的喜欢某人，还是因为我们应该喜欢他所以就认为我们喜欢他了？母亲或者父亲去世了，我们是真的难过，还是只是做做样子？我们真的想当律师或医生，还是只是觉得这种职业既体面挣钱又多？我们是真的想让子女既快乐又独立，还是只是随便说说？大部分人发现很难回答这些简单的问题，也就是说，我们不知道我们的真实感受是什么，我们想要的又是什么。

冲突常与信念、信仰或者道德观相联，因此认识冲突先要有我们自己的一套价值观。从别人那里借来的信念并不是我们自身的一部分，几乎没有足够的力量引发冲突，也几乎无法指导我们做出决定。受到新的影响时，我们会很轻易地丢掉这些信念，用其他的信念取而代之。如果我们只是借用普通的价值观，原本对我们最有益的本该发生的冲突就不会发生了。比如，如果儿子从不怀疑思想偏执的父亲的智慧，父亲让他从事一项他不太喜欢的职业时，他的心中就几乎不会有什么冲突。已婚男人爱上了别的女人，其实就陷入了冲突中；如果他对婚姻的意义没有什么坚定的信念，干脆就会选择阻力最小的那条路走下去、混下去，而不是直面冲突，做出这样或者那样的决定。

就算我们认识了这样的冲突，也必须心甘情愿地把两个矛盾问题中的一个舍弃。但极少有人能做到断然取舍，因为我们的感觉和信念是混在一起的，或许说到底还是因为大部分人不够安全，不够快乐，无法舍弃任何东西。

最后，做决定要有为这种行为负责的意愿和能力。做决定难免会出错，错了就错了，甘愿担责，不怪罪别人。做决定的人会这样想：“这是我选的，是我做的。”他首先要有更加强大的意志力和独立性，而现在大部分人显然不具备这些东西。

很多人被冲突死死缠住——虽说没有意识到——因此愿意用妒忌和羡慕的心态看待那些似乎过得悠然自得、不受这些东西扰乱的人。这种羡慕也许是有道理的。那些人可能是强者，早已建立了属于自己的一套价值观，要么就是随着时间的流逝，冲突已变得虚弱无力，也不太需要再做什么决定了，他们也就变平静了。但外表可能只是假象。更有可能的是，我们羡慕的那些人因为感情冷漠、墨守成规或者净干一些骗人的勾当，无力真正面对冲突或者依靠自己的信念真正试着去解决冲突，这样他们就只能随波逐流混日子，受眼前之利的摆布了。

有意体验冲突，虽说使人痛苦，却是一笔无价的财富。我们越是勇于直面冲突，寻求解决办法，我们的内心就会得到越多的自由，我们就会变得更为坚强。只有愿意承受打击，才能靠近那个理想的形象——成为生命之舟的掌舵人。装出来的平静源于内心的愚钝，绝不值得羡慕。它使我们无论在面对何种影响时都会变得虚弱，轻易被俘获。

冲突围绕生活中的主要问题展开时，面对、解决冲突会变得更为困难。只要活力充足，原则上就没有不这么做的理由。读书益处颇多，能让我们更清醒地认识自己，培养信念。若能认识到与选择相关的诸多因素的意义，就有了可以为之奋斗的理想，生命中也就有了方向。

认识、解决冲突本来就难，这些事交给神经症患者来做就更困难了。必须说明一点：神经症一直是一个程度问题——当我提及“神经症患者”时，无一例外地指的是那些“已达到病态程度的人”。这些人的情感和欲望意识能力已经衰退。通常情况下，这些人能有意识且清晰地体验到只是别人击中他们的弱点时他们所产生的恐惧和愤怒的反应。就连这些反应也要受到抑制。这类典型的神经症患者的确存在，且深深受控于强迫性标准，以至失去了辨别方向的能力。在这些强迫性倾向的支配下，舍弃的官能失效，对自己负责的能力几乎消失殆尽。

神经症冲突涉及的问题可能就是困扰正常人的那些问题。但那些问题种类迥异，有人禁不住问是否可以用同一个术语描述这两种问题。我认为可以，但我们千万要意识到两者的区别。那么，神经症冲突都有哪些特点？

用一个简单点的例子描述一下：有一位工程师，与别人合作研究机械，总受到阵发性疲劳症和烦躁症的困扰。有一回，他的病又犯了，原因如下：讨论某些技术问题时，他的意见不如同事的受欢迎。此后不久，在他缺席的情况下大家做了表决，后来也没有给他陈述意见的机会。这种情况下，他本可以认定这种程序不公正，站出来据理力争，也可以不失体面地接受大多数人的决定。这两种反应每一种都是正常的。但他没有这么做。虽说受了极大的轻视，他却没有站出来抗争。他只是清晰地意识到了自己的愤怒。他心中的狂怒只出现在梦中。这种被压制的愤怒——混合了对他人的愤怒和对自己软弱的愤怒——是他的疲劳症的主要原因。

他没能做出正常反应是由几个因素决定的。他早已为自己建立了一个靠别人的尊敬才能支撑起来的光辉形象。那时候，他在无意识中建立了这个形象，他一切的行为取决于下面这个假定条件：在他所在的那个领域内，他的天分和能力无人能及。任何轻视都会损害这个假定条件，引起他的愤怒。并且他有痛斥、羞辱别人的无意识的冲动——一种令他讨厌地要用过分的友好把它掩饰起来的态度。他还有一种利用别人的无意识的内驱力，这种东西强迫他在众人面前保持体面。他迫切希望得到别人的赞许和羡慕，加上惯有的屈从、忍让、避免纷争的态度，加重了他对别人的依赖。于是破坏性的敌对行为就产生了——反应性的愤怒和虐待的冲动，这是一方面，另一方面是对赞许和羡慕的渴求，渴望在自己眼中显得彬彬有礼、通情达理。结果内心产生了不被察觉的剧变，表现在外的就是疲劳，一切行动的能力丧失殆尽。

看这场冲突中涉及到的几个因素，首先令我们震惊的是，它们完全不协调。首先，的确难以想象更为极端的对立情况：一方面摆出一副高傲的姿态要别人尊重自己，一方面又要讨好、屈从于别人。其次，整个冲突是无意识的。他并未认识到在冲突中发挥作用的矛盾倾向，而是深深地压制它们。剧烈的心理斗争只在表面泛起了微微的泡沫。感情因素被文饰了：这么做不公正，这是在轻视我，我的想法更好。第三，冲突双方都是强迫性的。即便他能多少感觉到他的非分要求，或者他的依赖行为的存在和性质，也无力主动改变这些因素。改变它们需要大量的分析工作。他在两方面都受到一种无法掌控的强迫力量的驱使：无法舍弃内心的任何一种强烈需要。但这些需要都不是他真正需要或者寻找的。他既不想利用别人，又不愿屈从别人；其实，他是鄙视这些趋势的。然而，我在此事中描述的这种状态对于理解神经症冲突具有深远的意义。这说明任何决定都无法实行。

再举个例子，这个例子描绘的是类似的画面。有个自由设计者经常从好友那里偷小钱。外界因素证明这种偷窃行为有欠妥当；他需要这点钱，但朋友乐意给他，朋友以前就这么做过。考虑到他是体面人，且尊重友谊，这种反复偷钱的行为就让人特别震惊了。

下述冲突才是此种行为的根源。此人对感情有明显的病态渴求，尤其渴望随时得到别人照顾。这种渴求中掺杂着一种利用别人的无意识倾向，因此他采用就是既想让别人喜欢他、又想恐吓别人的手段。这些倾向本可以使他愿意、渴望接受朋友的帮助和支持。但他在无意识中又培养了一种极度自大的姿态，这种自大中所包含的那种傲气其实很脆弱。别人帮助他应该感到荣幸才对：他觉得求人帮助是一种屈辱。他强烈渴望独立、自立，这让他对求人更加反感，承认自己需要什么或者把自己置于别人的恩惠之下，这种行为让他根本无法忍受。因此他就只能强取，不能接受了。

虽说这个事件中的冲突与第一个在内容上有所不同，但本质一样。任何其他的神经症冲突的例子，都会表明冲突内驱力之间这种类似的不一致性以及它们那无意识、强迫性的本质，这样就导致患者总也无法解决自身矛盾。

画一条模糊的界线，正常人和神经症患者的冲突的主要区别就在于以下这个事实：就冲突程度来说，正常人远不如神经症患者那么大。前者必须做出的选择介乎两种行为模式之间，在完整的人格框架内，任何一种都是可行的。用图形表示，正常人冲突的两个方向之间的角度仅为90度或者更小，而神经症患者的这个度数可能会达到180度。

两者在意识程度上也有差别。正如克尔恺郭尔指出的："真实的生活千差万别，仅凭完全无意识的绝望与完全有意识到的绝望之间的那种抽象对比根本无法描述。"然而，我们可以这样说：正常人的冲突可以是完全有意识的；神经症患者的冲突从本质上来说都是无意识的。即便正常人可能意识不到自己的冲突，但只要得到一点帮助，就能认识到冲突的存在，而神经症患者冲突的主要倾向都被深深地压抑着，只有克服巨大的阻力才能把它们释放出来。

正常人的冲突涉及到两种可能性或者信念之间的真正选择，两种可能性均为他真正渴求，两种信念均为他真正看重。因此他就有可能做出合理的决定，就算做决定可能会很难，而且需要做出某种舍弃。陷入冲突中的神经症患者无法自由选择。他受到两种相反却同样强大的力的驱使，而这两个方向他都不愿去。因此通常来说是不可能做出选择的。他陷入了困境，找不到出路。只有处理这些相关的神经症倾向才能解决这种冲突，改变他与别人和自己的关系，才能完全摆脱掉这些倾向的困扰。

上述特点解释了神经症冲突为何如此强烈。这些冲突不但难于认识，更令人绝望，却也有着一种令患者恐惧的破坏性的力量。如果我们不认识这些特点并把它们牢记于心，就无法理解神经症患者开始竭力解决冲突的这些尝试，而这些尝试正是神经症的主要组成部分。

第二章　基本冲突

冲突在神经症中所起的作用总比人们通常臆想的重要。但发现它们绝非易事——部分因为从本质上讲它们是无意识的，但更重要的是因为神经症患者总是不遗余力地否认它们的存在。那么，使我们有理由怀疑潜在冲突的信号是什么？在上一章引述的例子中，信号由两个十分明显的因素发出。一个是产生的症状：第一个例子中是疲倦，第二个例子中是偷窃。事实是：每一种神经症的症状均指向一种潜在的冲突；也就是说，每一种症状几乎均为冲突的直接后果。我们将逐渐看到尚未解决的冲突对人有何影响，它们又是如何产生诸如焦虑、抑郁、犹豫、优柔寡断、迟钝、孤立这些状态的。在这里，对成因关系的理解有助于我们将注意力从显而易见的烦恼中转移到它们的根源上来——虽然我们无法揭示这个根源的确切本质。

另一个表明冲突正在发生的信号是前后矛盾。在第一个例子中，我们看到那个人确信程序不对，于他不公，却没有站出来反对。在第二个例子中，一个极其珍视友谊的人反倒去偷朋友的钱。有时候，患者自己也能意识到这种前后矛盾，但多数情况下看不到它们，即便对一个从未接受过任何训练的观察者来说它们是那么明显。

正如体温升高说明身体出了毛病，前后矛盾的确说明冲突存在。举几个普通的例子：一个姑娘极想结婚，却又躲避任何男人的追求；一位过度关爱孩子的母亲却常常忘了他们的生日。一个总是对别人慷慨大方的人却舍不得为自己花一分钱。一个人渴望孤独的人却总是相反设法不让自己独处。一个人对大多数人持原谅和容忍态度的人却对自己过于严厉、要求极高。

与症状不同，前后矛盾常常令我们对潜在冲突的本质做出试探性的臆想。比如，重度抑郁只是说明患者处于进退两难的境地。一位明显关爱孩子的母亲忘了自己孩子的生日，我们可能会觉得这位母亲更倾心的是她作为好母亲的理想形象，而不是孩子本身。我们或许还会承认下面这种可能性：她的理想形象和一种无意识的折磨孩子的倾向正在发生冲突。

有时候，冲突会浮于表面——也就是被有意识地粗浅体验。这似乎与我那个“神经症冲突是无意识”的断言相矛盾。其实，表面冲突只是真正冲突的变体。这样，当一个人在被有意识的冲突搞得苦恼不堪的时候，虽说采取了很管用的回避手段，却还是刚好发现自己正迫切需要做出一个重要决定。他现在无法决定是该同这位姑娘结婚还是该同那位姑娘结婚，该接受这份工作还是该接受那份工作，是该维持这种伙伴关系还是该解除这种伙伴关系。然后他就要承受最大的折磨，奔波于对立双方之间，根本无法做出任何决定。痛苦中，他可能会去看精神分析学家，希望对方能厘清他的特殊问题。他必然会失望，因为目前的冲突只不过是摩擦于内心中的那堆炸药的最终爆炸点。如果他不踏上那条认识潜在冲突的漫长而曲折的路，就无法解决此刻正在折磨他的那个特殊的问题。

在其他的例子中，内心的冲突可能会被表面化，以患者与其所处环境之间的一种相互冲突的状态出现在其意识中。或者，当一个人发现那些似乎毫无根据的恐惧和抑制与他的愿望发生冲突时，或许就会意识到心中的逆流发于更深的根源。

我们对一个人了解得越多，就越能认识到导致症候、前后矛盾和表面冲突出现的那些相抵触的因素——还得加上一句，因为矛盾的数量和种类太多，情况就会变得越加混乱。因此我们忍不住会问：在所有这些特殊的冲突下面是否还掩藏着一个导致它们出现的基本冲突？比如，我们能否用一桩不和谐的婚姻描述冲突结构？在这样的婚姻中，因为朋友、孩子、财务状况、用餐时间和用人，永远在变着花样地争吵，而所有这些都指向了婚姻关系本身的某些基本矛盾？

古人就已相信人格中存在着一种基本冲突，并且这种信念在各种宗教和哲学中发挥着重要作用。光明与黑暗的较量，上帝与魔鬼的较量，善与恶的较量，就是这种信念的某些表现形式。说到现代哲学，弗洛伊德在这个论题以及很多别的论题上都做了开创性的研究。他首先臆断，基本冲突是盲目追求满足的本能内驱力和险恶环境之间的冲突——家庭与社会的冲突。险恶的外界环境在人小的时候就内化了，从那时起便以险恶的超我形象出现。

在这里，用这个概念应得的严肃态度讨论它几乎不合适。那样的话就得把反对力比多理论的所有争论简要重述一遍。我们倒不如试着理解这个概念本身的意义，即便抛弃弗洛伊德的理论前提。然后，剩下的就是下面这个论点：原始自我主义内驱力与险恶的良心之间的对抗是我们的各种各样的冲突的基本根源。稍后会看到，我也支持这个论点——或者与我想的大体类似——在神经症结构中占有重要地位。我辩驳的是它的本质。我认为，虽说这是一种主要冲突，却是次要的，源于神经症发展过程中的必然性。

辩驳的理由稍后会变明晰。在此我只想说一点：我认为欲望与恐惧之间的任何冲突都无法造成神经症患者内心的分裂，也无法造成恶劣得足以毁人一生的结果。弗洛伊德假定的那种精神状态暗示，神经症患者依然保留着为某事全心全意奋斗的能力，只是在努力的过程中，恐惧设置的障碍令他受挫了。依我看，冲突的根源在于神经症患者丧失了全心全意争取任何事物的能力，因为他的愿望本身就是分裂的，也就是说，他的愿望是朝着相反方向延伸的。这就构成了一种比弗洛伊德想象的复杂得多的情况。

虽然我认为基本冲突比弗洛伊德所认为的更具分裂性，但我在最终解决的可能性这件事上的态度比他要乐观。据弗洛伊德所说，基本冲突普遍存在，原则上无法解决：我们所能做的只是达成一个更好的妥协或者一个更好的控制。我认为神经症的基本冲突不一定最先爆发，就算爆发也有可能解决——只要患者愿意付出巨大努力、忍受这个过程中的磨难。我与弗洛伊德的差别并非乐观或者悲观的差别，而是我们的假定不同，结果必然不同。

弗洛伊德后来对基本冲突这个问题的回答在哲学上很具吸引力。再次将他思想中的各种暗示放到一旁不提，他的“生”“死”本能理论可以简单概括为人的建设性力量与破坏性力量之间的冲突。弗洛伊德本人更感兴趣的是阻止这两种力量的联合，而不是将这个观念与冲突联系起来思考。比如，他认为可以把虐待内驱力与受虐内驱力解释为性本能与破坏本能的结合体。

将此观念用于研究冲突，需引入道德价值观。但弗洛伊德认为这些东西只是科学领域内的非法入侵者。他遵循信念，竭力创造一种没有道德价值观的心理学。我认为正是在自然科学意义上的这种“科学性”的尝试，更有说服力地解释了为何弗洛伊德的理论以及基于这些理论的疗法被限定在了太过狭窄的范围内。更确切地说，他过于看重冲突在神经症中所起的作用似乎促成了他的失败，虽然他在这个领域内做了大量工作。

荣格也很看重人的对抗倾向。其实，个体中正在发挥作用的矛盾给他留下的印象太过深刻，以至于让他无一例外地认定，任何一种因素的存在都必然表明其对立面也存在。外表的阴柔暗示着内心的阳刚；表面的外倾暗示着内心的内倾；表面注重思考与理性，其实内心注重情感等等。到此为止，似乎荣格将冲突视作了神经症的一个基本特征。然而，他接着说，这些对立面并不冲突，而是互为补充——目的是接受两者，从而接近完美形象。他认为神经症患者是陷于单方面发展困境的人。荣格在其所谓的“补充定律”中系统阐述了这些想法。我也认识到对立倾向包含互补因素，在完整人格中舍弃哪个都不行。但我认为这些因素已经是神经症冲突的产物，代表着解决冲突的尝试，因此患者才紧抓住不放。打个比方，如果我们把内省、沉默寡言，更关注自己而非别人的感觉、想法或想象的倾向视为真正的倾向——也就是天生就有后来又因个人经历增强的倾向——那么荣格的推理就是正确的。如果想让治疗过程有效，就得向患者指出其潜藏的“外倾”倾向，指明任何一种倾向都有片面性的危险，鼓励其同时接受并实践这两种倾向。然而，如果我们将患者的内倾表现（或者，如我更愿意称呼的那样，叫它神经症孤立）视作其回避因与他人亲密接触而引发的冲突的手段，我们的任务就不是鼓励其外倾一些，而是分析潜在的冲突了。解决了这些冲突，才能靠近那个全心全意的理想目标。

现在继续表明我的态度，我从神经症患者生来就有的对他人的矛盾态度中看到了基本冲突。详述前，请允许我提醒各位注意《化身博士》这个故事中关于此种矛盾的一个戏剧化的表现。我们既看到了化身博士为人优雅、敏感、有同情心、乐于助人的一面，又看到了他残忍、冷酷、自私的一面。当然了，我并非在暗示神经症分裂总要和这个故事中描述的丝毫不差，只是举了个例子，让各位见识了一下神经症患者在与他人相处时那种根本不相容的态度的生动表现。

从遗传角度看这个问题，必须回到被我称为“基本焦虑”的这个术语上来，此术语描述的是孤独无助的孩子在险恶的世界中所怀有的感受。各种不利的环境因素能让孩子产生这种不安全感，包括：直接或间接控制，冷漠、变化无常的行为，对孩子的个人要求缺乏尊重，缺乏真正的引导，贬低孩子，过多的表扬或根本不表扬；缺乏可靠的温情，在父母的争吵中必须选边站队，过多或过少的责任，过度保护，不许同别的孩子一同玩耍，不公正，歧视，言行不一，充满敌意的气氛等等。

说到这里，我想让各位尤其要注意的是孩子会在这种环境中感受到潜藏的虚伪：他觉得父母的爱，父母的人道慈善行为、诚实、慷慨等等可能都是假装的。就这点来说，孩子在有些地方真的感觉到了虚伪；但有些感觉可能只是他在父母的行为中感受到了矛盾之处而做出的一种反应。然而，这类事件中通常混合了阻碍性的因素，可能一眼就能看出来，也可能隐藏得非常深，因此在精神分析的过程中只能逐步认识孩子成长中的这些影响。

孩子受困于这些混乱的状况，会摸索办法，继续生活下去，对付这个恶毒的世界。虽然他柔弱，心中又充满恐惧，却还是在无意识中想出了一套办法，以对付其所在环境中那些正在发挥作用的特殊力量。他在这么做的时候，不但形成了一套特别的策略，更促成了构成其部分人格的永久性的人格倾向。我把这些称为“神经症倾向”。

想弄明白冲突是如何发展的，千万不可过于关注个体倾向，而要用一种全局观念看待孩子在这种环境下能够选择的主要方向。虽然我们一时看不到细节，却可以更加清晰地观察到孩子应对环境时所采取的主要步骤。起初可能只会看到一个异常混乱的画面，但马上就能看到三条清晰的主线：孩子可能会亲近人，对抗人，或者回避人。

亲近人时，他会承认自己的无助状态，虽说远离了亲人，心中又充满恐惧，却仍想赢得别人的关爱，依靠别人。只有这样他才觉得与他们待在一起是安全的。家人吵架，他会站在力量最强大的那个人或者那群人那边。他顺从他们，获得了一种归属感，觉得有人在支持他，也就觉得不再那么软弱，那么孤立。

对抗人时，他会理所当然地认为别人对自己充满了敌意，便有意识地或无意识地决定反抗。他绝对不会相信别人对自己的感情和意图。他用一切可以利用的方式进行反抗。他要成为强者，打败他们，一方面是为了保护自己，一方面也是为了报复。

回避人时，他既不想入伙，又不想反抗，而是保持距离。他觉得他和他们没有太多的共同之处，他们也不理解他。他创造了一个属于自己的世界——一个有自然、有玩具、有书又有梦的世界。

在这三种态度的每一种中，有一个基本焦虑的因素被过于看重了：首先是无助，其次是敌意，再次是孤立。但实际上，因条件限制，这三种态度中的任何一种都无法完全占据孩子的心灵，一种态度出现，另外两种态度肯定也会出现。我们通过全局观看到的只是占主导地位的那种态度。

如果现在我们就研究发育完全的神经症，这个事实还会变得更加清晰。我们都见过这样的大人，我们所说的这三种态度中的某一种在他的身上表现得尤为突出。但我们也能看到，他的其他倾向并没有停止运作。在依靠和顺从占主导地位的这类人身上，我们能够看到一些侵犯的倾向和某种独处的需要。一个主要表现为敌视他人的患者也有顺从的特点，也有独处的需要。一个孤立的人格也并非没有敌意或者不渴望关爱。

然而，对实际行为起决定作用的是占主导地位的态度。它代表的是这个特定的人在与他人交往时让他感觉最舒适的那些方式和手段。因此，一个孤立的人当然会采用一切无意识的技巧使自己与他人保持一个安全的距离，因为他一旦与别人亲密接触就会感到茫然无措。另外，居主导地位的态度常常是却不总是让患者的意识最容易接受的态度。

这并不是意味着不那么显眼的态度力量上就弱一些。比如，往往很难说清，在一个有着明显依赖性和顺从性的患者身上，控制的愿望是否弱于对关爱的需要；他的攻击性的冲动只是表现得更间接罢了。隐藏的倾向可能蕴藏着很大的能量，这一点已经被很多的事例证明了，在这些事例中，被授予主导地位的态度最后却无一例外地退居了次要地位。在孩子们身上能看到这种本末倒置，在大人身上也能看到。萨默赛特·毛姆的小说《月亮与六便士》中的男主人公人史崔兰就是一个典型的例子。女性的个案史也常常揭示这种转变。一位姑娘，原本是个假小子，雄心勃勃、桀骜不驯，陷入爱河之后，可能会变成一个顺从、喜欢依赖别人的女人，显然再也没有一点雄心了。或者，一个原本孤立的人在重大变故的压力下会变得病态般地依赖别人。

应该补充的是，这些变化让我们对于回答下面这个常见的问题有了一些思路：童年后的经历是否一无是处？童年环境是否永久性地决定了我们的一生？用冲突的观点看待神经症的发展能让我们做出一个比现成的答案更准确的回答。可能性有下面这几种：童年环境并非过于严酷，没有影响到孩子的自然发展，那么后来的经历，特别是青春期的体验，就有决定性的影响。然而，童年经历的影响若严重到了足以把孩子塑造成僵硬呆板类型的程度，新的体验便无能为力了。之所以会造成这种后果，部分因为他的僵硬呆板不允许他接受新的体验：比如，他的孤立可能会严重到不允许任何人靠近他的程度，或者他依附别人的心态严重到了被迫扮演次要角色、乐意接受别人摆布的程度。部分原因是，他总用旧有的观念看待新的体验：比如，侵犯型的人遇上了别人的友爱，要么会把它看成愚笨的表现，要么会觉得人家是想占他的便宜；新的体验只会让旧有的观念变得更坚固。神经症患者采用了一种不同的态度，看起来似乎是童年后的经历造成了人格的改变。然而，这种改变并不像看起来的那么大。真实的情况是：内部压力与外部的压力结合起来，迫使他放弃了原来占主导地位的态度，走向了另一个极端——不过，如果不是先起冲突，这种改变是不会发生的。

在正常人看来，三种态度互不相容没有道理。一个人可以屈从于他人，可以反抗，也可以不与他人交往。三者可以互补，和谐统一。一种态度占了上风，只能说明在一条路线上走过了头。

然而，对神经症患者来说，有数种理由可以说明这三种态度彼此间可以势不两立。神经症患者不会变通，要么屈从，要么反抗，要么孤立，而不顾这种举动在特定的情况下是否适当。不这么做他会陷入恐慌。因此，当三种态度都强烈地表现在他的身上时，他注定会困于剧烈的冲突之中。

还有一个因素（这个因素大大扩充了冲突的范围），就是这三种态度并不总是局限于人际关系的范畴，而是逐步漫延至整个人格，就像恶性肿瘤漫延至整个机体组织。它们最终不但会完全掌控患者的人际关系，更会掌控他和他自己以及生活本身的关系。如果我们不能完全意识到这种通吃的特性，就会很轻易地把产生的冲突看作绝对的对立，如爱与恨、屈从与反抗、顺从与控制等等。然而，这么做会导致错误的结论，正如区分法西斯主义与民主只关注二者的任何一个相反的特点，如它们对宗教或者权力的不同看法。看法肯定有不一致的地方，但只强调不同的地方，不强调相同的地方，就遮盖了下面这个事实：民主与法西斯主义天差地远，代表着两种完全互不相容的生活哲学。

源于人际关系的冲突必然马上影响到我们的整个人格。人际关系极为重要，注定塑造我们的品质、我们为自己设定的目标以及我们信仰的价值观。这一切反过来会影响我们的人际关系，作用于我们与他人的关系，因此是紧密地相互交织在一起的。

我认为源于不和谐的态度的冲突构成了神经症的核心，因此应该被称为“基本冲突”。请允许我补充一句，我使用“核心”这个词，不但在比喻它的重要性，更在强调它是一个散发神经症的动力中心。我的这个观点正是一种新的神经症理论的内核，其含意接下来会变得明晰。宽泛地讲，这个理论可以被视为对我前面所说的“神经症是人际关系紊乱的表现”这个观点的一种详述。

第三章　亲近人

只描述几个个体的基本冲突不可能展示其全貌。因为冲突有破坏性的力量，神经症患者便在自己周围建造了一座堡垒，不但不去看它，更把它深深埋葬，令它无法以单纯的形式被隔离出来。这就导致浮于表面的并非冲突本身，而是解决冲突的各种尝试。因此，仅描述个案史无法全面展示冲突全貌，执意这么做必然会造成过度关注末节，令描述变得一塌糊涂。

另外，上一章中的概述仍要填充内容。理解基本冲突全貌须先研究每一个孤立的对抗因素。观察下面这几类人就能获得一些成绩，这几类人均有以下共同点：在他们身上某个因素居于主导地位，这个因素让他们更容易接受。为简明起见，我将这几类人分为屈从型人格、攻击型人格和孤立型人格。我们在每一种类型中会关注患者更易接受的那种态度，尽量不考虑其掩盖的冲突。我们在每一种类型中均会发现，对于他人的这种基本态度造成了（至少助长了）某些需要、品质、敏感、抑制、焦虑以及某一套特定的价值观（虽然最后提它，但它的分量并不是最轻的）的出现。

这种做法或许有某些缺点，却也有毫无疑问地有着某些优点。先观察在患者身上表现得相对明显的如态度、反应、信念这些因素的功能与结构，会更容易在它们以稍许模糊混乱的形式出现的事例中辨识类似的综合病症。而且观察单一病症有助于弄清这三种态度固有的互不相容的地方。我们回到民主与法西斯主义的类比上来：若想指出民主与法西斯主义这两种意识形态的根本区别，我们不会在一开始就描述这样的一个人作为例子，此人信仰某些民主典范，却又暗自倾心于法西斯分子的手段。我们反倒会先从国家社会主义的宣传材料与演出活动中获得对法西斯一个基本了解，再把这些与民主生活方式中最具代表性的表现进行比较。这会让我们对这两种信念之间的对比有一个明晰的印象，因此有助于我们理解那些试图在两者间施行折中方案的人和群体。

第一种：屈从型，具有“亲近”人的一切特点。此类患者对关爱和赞赏有明显要求，并且特别需要一个“伴”——即“愿意满足患者一切生活愿望，愿意承担分辨善恶重任，主要任务为成功控制患者”的人，这种人可以是朋友，可以是爱人，可以是丈夫，也可以是妻子。这些需要具有神经症倾向的共有特点：强迫，盲目，失败后立即变焦虑或沮丧。它们几乎独立于“他人”的固有价值发挥作用，也几乎不依赖于患者对他们的真实感情。这些需要在表现形式上或许各不相同，却都围绕着一种对亲密关系的渴望，一种对“归属”的渴望而运作。屈从型的人因其不加任何分别的需要，总爱夸大同别人的情投意合，夸大同周围的人有共同的兴趣，忽视与别人不同的地方。其误判他人的这种行为并非因为无知、愚蠢或缺乏观察能力，而是由其强迫性的需要决定的。他感觉——正如患者画作中展示的——自己就像一个被凶残的怪兽团团围住的孩子。女患者站在画作中央，身体瘦小，内心无助，一只大蜜蜂围着她飞，想叮她，一条狗想要她，一只猫想抓她，一头牛想顶她。在这里，其他动物的本性显然无关紧要，唯一重要的只是攻击性更强的那些动物，也就是让她更恐惧的那些动物的“关爱”正是患者最需要的。总之，这种类型的人想让人家喜欢他，要他，渴望他，爱他；想让人家接受他，欢迎他，称赞他，欣赏他；想让人家需要他，觉得他是个人物，特别是想某一个人这样对他；他想让人家帮助他，保护他，关心他，指引他。

分析病情的过程中，当上述需要的强迫性特点向患者指出时，患者可能会肯定地说这些欲求都是很“自然”的。当然了，这是患者在为自己辩护。除了那些满脑子都是虐待倾向（稍后会谈到这一点）、对关爱的渴望彻底被压制死的人，我可以断言，每个人都想让别人喜欢自己，都像获得一种归属感，都想让别人帮助自己等等。患者的错误之处在于认为他对关爱和称赞的一切狂热渴求都是真诚的，其实这个真诚的部分被他对安全感的永不满足的强烈欲望完全遮盖住了。

患者迫切需要满足自己的这种强烈欲望，一切行为都是为了促成此事。在此过程中，他培养了某些可以塑造他的人格的某些品质和态度。在这些品质和态度中，有一部分可以被称作“引人爱慕”：他会敏锐地感觉到别人的需要——前提是他能在感情上理解别人。比如，虽然他可能完全没有注意到某个离群索居的人对独处的要求，却可以注意到另外的某个人对同情、帮助、赞许等等的渴望。他在无意识中竭力符合别人对自己的期望，或者他觉得别人对自己的期望，结果常常留意不到自己的感觉。他变得“无私”，甘愿牺牲自我，一无所求——只是不断要求别人的关爱。他变得顺从了，过于体贴别人了——在能力范围内——过于欣赏别人了，过于感激别人了，也过于慷慨大方了。他看不到下面这个事实：他在内心深处不太在乎别人，总觉得他们伪善又自私。然而——请允许我用意识术语描述某种无意识的行为——他让自己相信他爱每一个人，他们都是“好人”，可以信赖，这种做法不但导致了他的绝望，更增加了他总体上的不安全感。

这些品质没有在他本人看来的那么珍贵，特别是因为他并不考虑自己的感觉或者判断，而是盲目给予他被迫想从别人那里得到的一切东西——还因为如果没得到回报就会感到深深的不安。

伴随这些属性并且与它们重叠的还有一类不愿见人黑脸、

不愿同人争的人。他总是屈从别人，站次要位置，把聚光灯留给别人；他总是息事宁人——至少有意识地——心中没有任何积怨。报复或者成功的欲望被深深压制，甚至连自己也时常纳闷为何这么容易妥协，从不积怨。说到这里有一点很重要：他总想主动承担罪责。他又在漠视自己的真实感受了——也就是无论自己是否感到愧疚——都会责怪自己而不是迁怒别人，面对显然毫无根据的批评或者可以预料到的攻击，总是先检讨自己，先道歉。

从这些态度到明显的压抑有一个难以察觉的过度。他忌讳任何攻击性的行为，因此我们便发现他不敢武断行事，不敢批评别人，不敢有所要求，不敢发号施令，不敢表现自己，也不热烈地追求目标。还有，因为总在为别人活着，这就导致了他不敢为自己着想，不敢享受。这种情况可能会发展到下面这种程度：任何的体验倘若没人参与——不管吃饭，看演出，听音乐，还是身处自然——都变得没有意义。不用说，这样的极度压抑快乐的做法，不但会让他的生活变贫乏，更会增强他对别人的依赖性。

这种类型的人除了会把我刚刚说的那些特性理想化，还会对自己持有某些特殊的态度。其中一种是总觉得自己软弱无助——一种“我是个可怜的小家伙”的感觉。需要自己拿主意时，他会变得茫然无措，就像一条脱锚的小船，又像失去了仙子般教母的灰姑娘。这种无助的感觉部分是真实的，觉得自己无论在什么情况下都无力反抗或者同别人竞争，的确会让他真的变得更加软弱。并且他把自己的这种无助感不加掩饰地展示给自己和别人看。这种感觉可能还会在梦中大大增强。他常把这种东西当作吸引别人或者保护自己的手段：“你必须爱我，保护我，原谅我，不要丢下我，因为我是这样软弱无助。”

从他屈从别人的倾向中产生出了第二个特点。他想当然地认为别人都比自己优秀，都比自己有魅力，都比自己聪明，都比自己有知识，都比自己有价值。他的这种感觉是有根据的，因为缺乏自信和坚定的意志的确损害了他的能力；即便在他无疑很擅长的领域，他的自卑感还是会让他把荣誉让给别人——把自己的成绩丢在一旁——觉得别人比自己强。在攻击性或者自高自大的人面前，他更觉得自己不中用。然而独处时，他会觉得不但低估了自己的品质、天赋、才能，更低估了自己的物质财富。

第三个特点是他的依赖性的一部分，这就是总会无意识地用别人的眼光评判自己。他的自我评价会随着别人赞赏他或者不赞赏他、喜欢他或者不喜欢他忽高忽低。因此别人的任何排斥反应对他来说都意味着真正的灭顶之灾。人家没有回复他的邀请，他可能会有意识地理智看待这件事，但依照他所生活的那个特殊的内心世界的逻辑，他的自我评价的晴雨表会降至零。也就是说，任何批评、拒绝或离弃都是一种可怕的危险，他会奴性十足地竭力挽回那个对他已构成威胁的人对他的好感。别人抽了他左脸一巴掌，他又把右脸凑了上去，这并非因为某种难以理解的“受虐”内驱力所致，而是他基于内心的假定条件所能做出的唯一符合逻辑的事。

这一切造就了他那套特殊的价值观。他成熟了，这些价值观当然也就差不多明确了、固定了。它们包括善良、同情、爱、慷慨、无私、谦卑；而自私、雄心、冷酷、无耻、弄权是他厌恶的——虽然他或许也在暗自欣赏这些特性，因为它们代表着“力量”。

以上就是与这类“亲近人”的神经症患者相关的因素了。现在必然已经明了，只用一个比如屈从或者依附这样的术语描述这类患者是多么不确切，因为一整套的思维方式、感觉方式和行为方式——一整套的生活方式——潜藏在他们身上。

我答应过不讨论相互对立的因素。但是只有意识到了对立的倾向把居于主导地位的倾向压抑到了何种程度，我们才能充满理解患者是如何死死抓住这些态度和信念不放的。因此，我们要简单看一下这幅画的背面。我们在分析屈从型这类人时发现了数种被压抑着的攻击性倾向。我们本以为这类人会过度关心别人，但实际情况刚好相反，我们偶然发现他们竟以冷漠示人，对别人没什么兴趣，看不起别人，有一种无意识地依靠或者利用别人的倾向，喜欢控制别人，对超过别人怀有极强的欲望，报复完了别人会爽得不行。当然了，被压抑的内驱力在种类和强度上各不相同。部分原因是他们产生于童年的不幸遭遇。比如，病史上通常显示，患者在五岁或者八岁之前容易发脾气，后来这种倾向消失了，取而代之的是温顺的人格。但不断产生的敌意由多个根源导致，因此童年以后的经历也增强、助长了攻击性的倾向。在这个问题上详述这些因素离题太远，在这里能说的只是自我轻视和“善良”会招致粗暴对待，会被人利用，而依附别人会让自己变得特别脆弱，反过来，当患者所需要的过度关爱和赞许没有出现时，就会有一种被忽视、被抛弃、被羞辱的感觉。

我说这些感情、内驱力和态度处于“受压抑”的状态，我是在弗洛伊德对这个术语的理解之上使用它的，也就是个体不但没有意识到它们，更极度无情地希望永远不要意识到它们，始终在忧心忡忡地提防着，生怕自己或者别人看到了它们的任何痕迹。这样每一种压抑都向我们提出了这个问题：个体患者压抑心中的某种内驱力到底有什么好处？我们在屈从型的人身上可以找到几种答案。只有讨论了理想化的形象和虐待倾向之后，我们才能理解大部分的答案。在这一点上，我们已经理解的是：心怀敌意或者敌意的表现会损害患者喜欢别人和被人喜欢的需要。另外，在他看来，任何攻击性的行为，甚至孤行专断的行为都是自私的。他自己会谴责这种行为，因此觉得别人也会这么做。而他又不敢贸然真的这么做，因为他无法承受后果，他对自己的评价完全依赖于别人的赞许。

压抑一切专断性的、报复性的、有激情的感觉和冲动还有一种作用。这是神经症患者做出的诸多尝试中的一种，目的是消灭自身冲突，创造一种和谐统一的感觉。我们心中对和谐的渴望并不是一种神秘的欲望，而有由“必须在生活中发挥作用”这种实际需要引起的——如果一个人总在不断地被两种相反的力量撕扯，这种渴望就不会出现——还有因这种结果所导致的一种被分裂的极度恐惧。让一种倾向居于主导地位，把其他的异议因素全部杀死，是一种组织人格的无意识的尝试。这种做法是解决神经症冲突的一个主要尝试。

这样我们就在患者死死盯住一切攻击性的冲动这种行为中发现了两个目的：他的整个生活方式不能受到威胁，他创造的虚假和谐画面不能被破坏。攻击性的倾向越具破坏性，越是需要紧迫清除。个体患者会矫枉过正，绝不为再为自己谋一点福利，绝不会再拒绝别人的要求，总要喜欢每一个人，总要躲在幕后等等。也就是说，屈从、讨好的倾向增强了，变得更具强迫性，更加盲目。

当然了，所有这些无意识的尝试并不能阻止被压抑的冲动发挥作用或者发出自己的声音。但这些尝试是用切合神经症结构的方式做出的。患者会对别人有所要求，“因为自己太可怜啦”，或者会在“爱”的外衣的遮盖下暗地里控制别人。被压抑的敌意越积越深到时候也可能会爆炸，爆炸程度也许会很强烈，也许没那么强烈，结果或是偶尔的暴怒，或是发发脾气。这些爆发虽然不符合患者心中那个柔和的理想形象，但在他看来完全正当。根据他所假定的条件，他是完全正确的。他并不知道自己对别人的要求过分而自私，因此有时会忍不住觉得别人对他极为不公，简直令他无法忍受。最后，倘若被压抑的敌意具有了盲目愤怒的力量，就有可能导致各种各样的身体机能紊乱，比如头痛或者胃溃疡。

因此，屈从型的人的大部分特点都具有双重动机。比如，当他屈从于别人时，他的目的是避免冲突，与别人和谐相处，不过这也可能是他采取的一种手段，试图把他一定要胜过别人的这种需要的痕迹统统抹掉。当他让别人占他的便宜时，就是在表明他的屈从和“善良”，不过这也可能是他利用别人的愿望落空了，不得已采取的一种退让手段。要想克服神经症的屈从倾向，必须依照正确的顺序彻底研究冲突双方。我们有时会从立场偏保守的精神分析刊物上得到一种“解放攻击性倾向”就是精神分析疗法的精髓的印象。这种看法表明写文章的那些人对神经症结构的复杂性，特别是多样性几乎一无所知。这种看法只是在讨论某一个特定类型的人时才有些合理性，但即便这样它的合理性也非常有限。揭示攻击性的内驱力就是在解放它们，不过如果把“解放”视为“解放”本身的结束，那就会很容易给人的发展造成损害。人格若想最终被整合，“解放”完之后，还得把冲突彻底搞清楚。

我们还需要关注爱情和性交在屈从型的人身上发挥的作用。在这类人眼中，爱情往往是唯一值得奋斗的目标、值得追求的东西。生活中若是没有爱情会变得十分平淡、没有意思、空洞无味。借用弗里兹·维特尔斯（Fritz Wittels）描述强迫性追求时说过的一句话，爱情成为了被追逐的泡影，别的一切都不重要。无论是人、自然、工作，还是任何的娱乐活动或者兴趣爱好，如果没有爱情为它们增色添味，就会变得没有任何意义。在文明条件下，对爱情的痴迷多见于女性身上这个事实让人们产生了一种看法，即它是女性特有的一种渴求。其实，这种痴迷与性别无关，而是神经症的一种表现，因为它是一种不合理的强迫性内驱力。

了解了屈从型的人格结构，我们就能明白他为何会把爱情看得那么重，为何会有那些“疯狂的办法”。鉴于他那相互冲突的强迫性倾向，实际上这是能让他所有的神经症需要获得满足的唯一方式。这种方式既能满足他让别人喜欢他的需要，又能满足他控制别人（通过爱情）的要求，还能满足他屈从别人同时超过别人（通过让对方全心全意爱自己）的需要。这种方式能让他基于一个正当、单纯甚至值得赞扬的准则，发泄全部的攻击性倾向，还能让他同时表现出他所获得的一切讨人喜欢的品质。还有，因为他并没有意识到他的障碍和苦恼源内心的冲突，爱情自然就成了治疗这些毛病的灵丹妙药：如果能找到一个爱他的人，一切都不成问题。谁都能看得出来他这是在自欺欺人，但我们也必须看到他这种几乎无意识的推理中的逻辑性。他认为：“我软弱无助，只要我孤零零地在这个险恶的世界上活一天，我的无助就是一种危险和威胁。不过如果我能找到一位无比深爱我的人，我就不会再有危险了，因为他（她）会保护我。和他在一起，我就不用自作主张了，因为他能理解我，不用我说或者解释就会把我想要的东西给我。其实，我的弱势是一个有利条件，因为他爱我的无助，我也会依附他的强大。我那股进取的劲头儿为我自己是激发不出来的，不过若是为了他，甚至只是为了讨他欢心才为自己做一些事，马上就能激发出来。”

他想——再次重建系统化的推理过程，有时认真思索，有时只是一种感觉，有时又是一种很无意识的状态：“孤身一人对我是一种折磨。不只是我不同别人一起做事就不快乐。不只是这个，我还感到迷茫，感到焦虑。当然了，周六晚上我可以一个人去看电影或者看书，不过这会让我感到耻辱，因为这说明没人要我。因此周六晚上或者任何时候，我必须好好安排，决不能让自己孤身一人。不过如果我能找到我的那位如意郎君，他就会把我从这种折磨中解放出去，我就再也不会孤独了，现在没有任何意义的这一切，比如准备早餐、工作或看落日等等，到那时候都会变成欢乐。”

他又想：“我不自信。我总觉得谁都比我强，比我有魅力，比我有天赋。甚至我想尽一切办法做成的那些事也没有意义，因为我觉得这并不是我的功劳。我可能只是在虚张声势，也可能只是赶上运气好罢了。下次再有这样的机会我不敢肯定还能不能做成。人们要是真正了解了我就会讨厌我了。如果能找到一个爱我这个人、也很看重我的男人，我也就算个人物了。”怪不得爱情有着海市蜃楼的一切魅力呢。怪不得神经症患者宁可死死抓着它不放，也不愿从内心深处做出艰难的改变呢。

同样的道理，性交——除了生物性的功能——还有组成被需要的证据的价值。屈从型的人越孤立——也就是害怕牵扯到感情——或者越是放弃被爱的希望，单纯的性交就越有可能取代爱情。似乎这是通向人类亲密关系的唯一途径，并且会像爱情那样被高估它解决一切问题的力量。

如果我们能小心地避免两个极端——一个是将患者过于看重爱情视作“完全自然”的事，一个是不加任何考虑地将这种行为视作“发神经”——我们就会明白，屈从型的人的这种期望正是他从自己的人生哲学中得出的一个合乎逻辑的结果。因此，我们往往——抑或总是？——在神经症的表现中发现患者有意识或者无意识的推理是没有任何问题的，只是这种推理的前提条件是错误的。其错误之处在于：患者把自己的需要误认为关爱，把与关爱并存的一切感觉误认为真爱的能力，并且完全没有考虑他的攻击性甚至破坏性的倾向。也就是说，他忽视了整个神经症的冲突。他希望在对冲突本身不做出任何改变的前提下，消除掉尚未解决的冲突的有害后果——这是神经症患者每次尝试解决冲突时都会有的一种态度。这也是为什么这些努力注定会失败。不过，对于那些把爱作为解决手段的患者来说，到头来只能是这个结果。如果屈从型的人足够幸运找到了一个既有力量又有温情的伴侣，或者这人的神经症刚好与他自己的相切合，他的痛苦就有可能大幅减轻，或许还会生活得很快乐。但通常情况下，对于二人关系的这种不切实际的期望只会让他陷入更深的痛苦中。他极有可能会把他的冲突带进这种关系，从而毁掉它。这种关系最好的结果也只是缓解实际的痛苦，他的冲突解决不了，他的发展之路就依然是堵死的。

第四章　对抗人

讨论基本冲突的第二个方面——“对抗人”的倾向时——我们还像以前那样，在这里继续研究攻击性倾向占主导地位的那类人。

正如屈从型的人坚持认为“人性本善”，却又不断被不利的证据打败，因此攻击型的人总是想当然地认为“人性本恶，”并且拒绝承认人不是这样。在他看来，生活就是一场所有人对所有人的争斗，每个人都在拼命朝前挤，唯恐落后遭殃。虽然他承认有些人是例外，却认为这些人是不情愿才这么做的，并且于心不甘。他的态度有时非常明显，但多数时候覆盖着一层由温文尔雅、公正不阿和亲密友好组成的虚伪面纱。这种“假面”代表着马基雅弗利式的政客为了权宜之计做出的让步。然而，通常说来，这是一盘由虚伪、真实感受和神经症需要组成的大杂烩。只要每一个人都确定无疑地认为他自己正处于支配地位，他那让别人认为他是好人的欲望中就可能掺杂了一定量的善意。其中可能有神经症患者对关爱和赞赏的需要因素，但这些因素都是为了他的攻击性目的服务的。屈从型的人无需戴这种“假面”，因为他的价值观毕竟与获得认可的社会美德或基督教的美德相一致。

要想充分理解攻击型的人的需要和屈从型的人的需要有着同样的强迫性这个事实，必须认识到这些需要是由同他的基本焦虑一样的焦虑引起的。这一点必须强调，因为恐惧这个部分虽然在屈从型的人的身上表现得极其明显，却从未在我们此刻正在仔细思考的这类人身上被承认过或者出现过。在他眼中，一切都在朝着冷酷的现实、即将变得冷酷的现实，或者至少是显得冷酷的现实挺进。

他的需要源于他的这种感觉：世界是个角斗场，正如达尔文所说，适者生存，弱肉强食。生存的根本因素主要取决于人类生活的文明，但无论如何，冷酷无情地追求个人私利乃是天经地义的事。因此他的首要需要就变成了控制别人。控制的手段变幻无穷，或直接行使权力，或过于关心别人，让别人欠他的人情，达到间接控制的目的。他可能更愿意背后弄权。采用的方式可能是行使谋略，这暗示了他的一种观念：通过仔细推理、深谋远虑，没有做不成的事。他特殊的控制方式部分取决于他的天赋。另外，这代表了冲突倾向的一种融合。比如，他要控制的那个人同时倾向于孤立，他就会避免使用任何的直接控制手段，因为这会让他与被控制者又过于亲密的接触。如果他在深深暗恋某一个人，他会更愿意采用间接的控制手段。如果他想背后弄权，就会表现出虐待倾向，因为这暗示了利用别人达到自己的目的。

他又想出人头地，获得任何形式的成功、地位或者认可。他竭尽全力，部分为了获取权力，因为在一个竞争性的社会中，有权就能成功，就能获得地位。但这些努力通过外界的认可、赞美以及高人一等的事实也让他获得了一种强大的感觉。说到这里要强调一点，屈从型的人的人生重心位于自身之外，只是渴望获得外界认可的方式不同。其实，无论哪种方式都是无用的。当人们疑惑成功为何没能减少他们的不安全感时，只能说明人们欠缺心理学知识，但这种感觉表明了成功和地位通常被视作评判标准的严重程度。

渴望占人便宜，智胜别人，利用别人，只是这种病态全景的一部分。他看待任何情况或者关系时，无一例外地会这样想："我能从中得到什么好处？"——无论这种好处是金钱、地位、关系还是想法。他会有意识地或半有意识地确信每个人都是这样，因此重要的是要比别人做得更狠。他养成的性格几乎和屈从型的人刚好相反。他变得冷酷强悍，或者给人这样的印象。他将所有的感情，他自己的连同别人的，统统视为"多愁善感"。对他来说，爱情是可有可无的东西。这并不是说他从未"爱过"，从未与异性发生过关系，或者从未结过婚，而是他关心的主要是找到一个十分优秀的伴侣，他可以通过这个人的魅力、社会地位或者财富提高自己的身价。他认为不该关心别人。

“我为什么要关心他们——让他们自己关心自己吧。”问他那个古老的道德问题：一只木筏上有两个人，只有一个能活下来，该怎么办，他会说当然自己活命要紧——不这样做是傻瓜，是假装高尚。他不愿承认任何的恐惧，总要找到极端的方式把它们控制住。比如，他可能会强迫自己待在一座空房子里，虽然他害怕入室抢劫；他可能会执意骑在马背上直到克服了对马的恐惧；他可能会故意穿过蛇群出没的沼泽地，以摆脱对蛇的恐惧。

屈从型的人息事宁人，攻击型的人争强好斗。他据理力争，为了证明自己是对的，不惜与别人撕破脸皮。陷入绝境时，他方显斗士本色。屈从型的人怕胜，攻击型的人输不起，只能胜不能败。屈从型的人事事怪罪自己，攻击型的人事事怪罪别人。但两种人均不认为自己真的有过错。屈从型的人认错时心中绝对没有想到自己存在过错，只是迫不得已才做出让步。攻击型的人同样不确定别人就有错，他想当然地认为自己是对的，是因为他心里需要这种确定的立场，正如一支军队需要占据一个安全的地点才能发动攻击。对他来说，轻易认错不是愚蠢透顶，就是在示弱，是不能原谅的。

他认为世界险恶，只有抗争才能获得一种强烈的现实感。他绝不会“幼稚”到忽略别人身上表现出的野心、贪婪、愚昧以及任何可能妨碍他达到目的的东西。在一个竞争性的文明世界中，这类特性远比高尚常见，因此他觉得自己现实点没有任何过错。其实，他和屈从型的人同样有缺陷。他的现实观的另外一面是看重老谋深算。如同任何一位优秀的战略家，他在任何情况下都会审慎估量自己的机会、对手的力量以及可能的隐患。

他总是被迫武断地认为世上就他最强大、最聪明、最有魅力，便想尽一切办法提高个人工作效率，发挥个人才智维护这种形象。他工作有热情、有能力，或许会成为很受人尊敬的员工，自己开公司，或许也能成功。然而，在某种意义上讲，他给别人的这种对工作极有兴趣的印象是假的，因为在他看来工作只是达到目的的一种手段。他不爱他的工作，从中也得不到真正的乐趣——这个事实和他阻止感情进入生活的尝试是一致的。这种扼杀一切感情的做法是一柄双刃剑。一方面，站在成功的角度看，这无疑是一种权宜之计，因为这使他能够像一台运转顺利的机器那样，不知疲惫地制造可以为他带来更大的权力和更高的地位的产品。让感情掺杂进来可能会误事。可以想见，感情会减少他的成功机会，会让他避开成功之路上常常采用的那些手段，也可能会诱使他放弃目标转而沉迷于自然或者艺术，或者让他交到真正的朋友，而不是那些出于利用目的才结交的人。另一方面，扼杀感情必然造成感情贫乏，这会影响他的工作，注定损害他的创造力。

攻击型的人貌似无拘无束，可以断然说出愿望，可以发号施令、表露愤怒、保护自己。其实，他和屈从型的人生活得同样压抑。我们未能立即感觉到他的特定压抑，主要原因并不在于人类文明。他的压抑潜藏于情感领域，涉及到他的交友、恋爱、体谅和与人同乐的能力。他认为与人同乐纯粹是在浪费时间。

他觉得自己强大、诚实、现实，站在他的立场上看待这个问题，他想的并没有错。根据他假定的前提条件，他对自己的评判完全合乎逻辑，因为在他看来，残酷无情就是力量，对别人不闻不问就是诚实，不惜手段追求个人目的就是现实。他自认为诚实，部分源于他能一针见血地揭露时下流行的伪善风气。他将热衷于事业、乐善好施等等视为绝对的虚伪，并且能很容易地揭露出福利意识和基督教美德常有的面目。他的价值观建立在丛林法则之上。强权即真理。仁爱和慈悲应该下地狱。每个人都是狼。在这里，我们可以看出，这种价值观和我们十分熟悉的纳粹分子的价值观并没有太大区别。

攻击型的人排斥真正的同情和友谊，以及它们的替身——屈从和姑息——是有内在逻辑性的。不过不能就此断定他们不辨真伪。遇到一个真正友好又强大的人时，他能马上看出来并且奉上自己的尊敬。问题是他认为在这件事上过于挑剔对自己没有好处。他认为在这场存亡之战中这两种态度均为不利条件。

那他为何要如此激烈地排斥温和的人类感情呢？他为何看到别人的亲昵行为会觉得恶心呢？当某个人在他认为不恰当的

时刻表现出怜悯时，他为何会那么鄙视人家呢？他的这种行为就像那种把乞丐从自家门口赶跑的人，因为他们伤了他的心。他真的可能会对乞丐恶语相加，被气得暴跳如雷，很过分地拒绝对方提出的某个最简单的请求。在精神分析的过程中，当他的攻击性的倾向软化下来时，他的这些典型反应很容易被观察到。其实，他对别人身上表现出的“温和”有一种混杂的感受。他的确鄙视他们身上的这种东西，却又喜欢他们这样，因为这样能让他更加肆无忌惮地追求个人目的。那他为何还会经常感觉到被屈从型的人吸引，正如后者经常发现被他吸引呢？他之所以会有如此极端的反应，是因为受到了与心中一切柔软的感情搏斗这种需要的驱使。尼采让他的超人将任何形式的怜悯均视为第五纵队——暗中作乱的敌人，对这些动力进行了详细的描述。对这种人来说，“温和”不但意味着真正的关爱、怜恤这些东西，更意味着屈从型的人的需要、感情和准则中所蕴含的一切。在乞丐这个例子中，他的心里也生出了真正的怜悯，想满足乞丐的需要，觉得应该伸出援助之手。但他同时有一种将这一切从他眼前赶走的更大的需要，因此不但拒绝了乞丐的请求，更对人家恶语相加。

屈从型的人希望将有分歧的内驱力藏于爱中，攻击型的人却希望把这些东西作为获得外界认可的一种手段。获得外界认可，不但能满足他证明自己的愿望，更能给他一个让别人喜欢他、反过来他喜欢别人的额外的诱惑。获得外界认可似乎提供了解决他的冲突的办法，因此就成了他追求的可以救他性命的海市蜃楼。

他的冲突的内在逻辑性原则上和屈从型的人的一样，因此在这里简述即可。对攻击型的人来说，任何的怜悯之情、做“好人”的义务、妥协的态度，都和他建造的整个的生活方式不相容，会动摇它的根基。并且，这些对立倾向的出现会迫使他面对他的基本冲突，所以会毁掉他精心建造的系统——和谐统一的系统。结果就是：压抑温和的倾向会增强攻击性的倾向，让它们更具强迫性。

如果我们讨论过的这两种类型此刻在我们心中留下了生动的印象，就会发现它们代表了截然对立的两个极端。一个喜欢的东西刚好是另一个厌恶的。一个喜欢每一个人，另一个却把所有的人视作潜在的敌人。一个不惜一切代价避免冲突，另一个却发现争强好斗是他的本性。一个紧紧抓着恐惧、无助不放，另一个却竭力抛弃这些感觉。一个热衷于（虽然是在神经症的驱使下）慈善事业，另一个却信奉丛林法则。但自始至终这两种方式都不是自由选择的：每一种都是强迫性的、不可改变的。两种方式没有共通的中间立场。

我们已经说了这么多，此刻还要接着说下去。此前我们设定了目标，要探讨基本冲突包括哪些内容，迄今为止看到了它的两个方面，作为居于主导地位的倾向，在两类截然不同的患者身上所起的作用。我们现在要做的是描述一个人，在他的身上，这两种截然相反的态度和价值观发挥着同等重要的作用。显而易见，这样的一个人会受到两种截然相反的力量的无情撕扯，让他几乎无法动弹。其实他会被撕裂、陷入瘫痪，且无力改变这种局面。他努力消除一种态度和价值观，就会让自己掉入我们描述过的那两种类型的任何一种当中；这是他试着解决自身冲突的一种方式。

根据荣格的说法，在这样的一个例子中，单方面发展似乎完全不合常理。这至多算是一个形式上的正确论断。但此论断建立在对动力的误读之上，因此含意就是错的。当荣格从片面的观点出发，继续说医生在为患者治病的过程中必须帮助患者接受其对立面时，我们不禁要问：这怎么可能？患者接受不了它，只能认识到它。若荣格想靠通过这种手段让患者成为一个完整的人，我们应该这样回应：当然了，这种手段是最终结合所必需的，但它只意味着患者面对自身冲突，而这一点到目前为止正是他所排斥的。荣格没有正确估量到的是神经症倾向的强迫性。在亲近人与对抗人之间不只是“弱”与“强”的区别——或者像荣格说的“女性气质”与“男性气质”的区别。我们每一个人都有屈从和攻击这两种潜在的倾向。一个人，若没有受到强迫性的驱使，只要足够努力就能达到某种程度的结合。然而，若这两种倾向均已达到神经症的程度，它们对我们的成长就有害了。两个不好的部分加在一起不能变成一个好的整体，两种不相容的倾向加在一起也不能变成一个和谐的整体。

第五章　回避人

基本冲突的第三方面是独处的需要，也就是“回避”人的需要。分析这类患者之前，我们必须弄清楚神经孤立的含意。它指的当然不是偶尔需要独处。每一个认真对待自己和生活的人都有不时独处的需要。文明早已把我们的外部世界完全吞没，因此我们对于这种需要了解甚少，但历史上的哲学和宗教对其实现自我的可能性都有强调。渴望有意义的独处绝对不是神经症的表现；恰恰相反，大部分的神经症患者都不敢触碰自己的内心，而无力创建孤独则是神经症的一个表现。只有当一个人在与别人相处时感到了难以忍受的紧张、孤独成了躲避这种紧张的主要手段时，独处的愿望才是神经症孤立的表现。

极度孤立的人的某些特征如此显著，让精神病医生认为它们为孤立型患者独有。其中最明显的就是疏远别人。这一点在他的身上表现得尤为明显，因此给我们留下了深刻印象，其实，他的孤立程度并不比其他类型的患者严重。比如，在我们讨论过的那两类患者中就无法大体断定哪种更孤立。我们只能说，在屈从型患者身上，这个特征是被遮蔽的，他一旦发现就会惊恐不安，因为他亲切别人的渴望令他急于相信在他自己和别人中间并未存在隔阂。毕竟，疏远别人只是人际关系紊乱的一个表现。但所有的神经症患者都是这样。疏远的程度更多地取决于关系紊乱的严重程度，而不是神经症的某种表现形式。

另一个常被视为孤独型患者独有的特征是疏远自己，也就是感情体验麻木，不确定自己是谁，不确定自己喜欢的是什么，憎恨的是什么，渴望的是什么，希望的是什么，害怕的是什么，悔恨的是什么，相信的又是什么。这样的自我疏远又是所有的神经症都有的。每一个人，到了患神经症的程度，就像一架遥控飞机，注定会失去与自己的联系。孤立的人很像海地岛传说中的僵尸——人本来死了，却又被巫师救活了：它们能像活人一样工作、生活，却没有生命。别的类型的患者也可以有相对丰富的感情生活。既然存在这样的差异，我们就同样不能将自我疏远视为孤独型独有。所有的孤立者所共有的是某种非常不同的东西。这就是他们能够带着一种客观的兴趣看自己，就像一个人在看一件艺术品。或许对这种情况最准确的描述就是，他们在用一种“旁观者”的态度看自己，正如他们对生活的大体态度。因此他们往往能够很细致地观察内心的这个过程。这方面的一个显著例子就是，他们可以超乎寻常地理解时常出现在梦中的各种象征。

重要的是，他内心需要在感情上与别人保持距离。说得更确切些，就是他们有意识和无意识地决定不与别人有情感上的任何纠葛，无论在爱情上、斗争上、合作上，还是在竞争中。他们在自己周围画了一个魔圈，谁都进不去。他们在表面上就是同别人这么“相处”的。世界侵犯他们时，他们会焦虑不安，迫切需要用这种方式加以应对。

他们的一切需要和素质都是为了不与别人产生瓜葛这个主要需要服务。其中最显著的一个需要就是“自立”。它最实在的表现就是足智多谋。攻击型的患者同样有谋略——但二者精神不同；对攻击型的患者来说，足智多谋是必备的前提条件，目的是在这个险恶的世界中杀出一条血路，打赢别人。但对孤立型的患者来说，这种精神是鲁滨逊·克鲁索式的，为了生存下去必须发挥聪明才智。这是他能补偿他的孤立的唯一方式。

保持自立，更为不可靠的方式是有意识或者无意识地限制个人需要。如果我们能记住自立的潜在准则是不与任何人或者任何事物产生亲密的联系以防离不开它（他），就会更深地理解这方面的各种动向。和别的人或者别的事过于亲密会损害孤立。最好什么都不放在心上。比如，一个孤独的人可能会享受到真正的快乐，不过倘若这种快乐依赖的是别人，他就宁可不要它。晚上，偶尔与几个朋友相会，他会很快乐，却不喜欢聚群和社交活动。他同样不喜欢竞争、地位和成功。他愿意吃得少一点，喝得少一点，保持一种简朴的生活，不用花太多时间和精力赚钱付生活费。他可能极度厌恶疾病，将其视为一种羞辱，因为病了就要依靠别人。他可能会坚持获得任何事物的第一手的知识，比如，关于俄罗斯的一切，他既不愿听别人说的，又不愿信别人写的。再有，如果他不是美国人，就不会相信别人说的关于美国的一切，他会亲自去看、去听。这种态度若没有发展到荒谬可笑的程度，比如身处陌生的城市却不愿向别人打听路，就会造就出优秀的自立品质。

他的另外一个显著需要是隐私需要。他就像住店的，门上“请勿打扰”的牌子几乎动都不动。就连书也被他视为来犯者。任何关于他的私生活的提问都会让他震惊，他想用秘密把自己包裹起来。有位患者曾告诉我，他四十五岁的时候一想到上帝无所不知还会暗自愤恨，就像小时候母亲告诉他上帝会透过百叶窗看他咬指甲一样。这位患者极度沉默寡言，就连生活中最微不足道的细节也不肯说。一个孤立的人受到别人“随随便便”的对待会变得极度愤怒——会觉得受到了粗暴对待。一般来说，他更愿意一个人工作、睡觉、吃饭。和攻击型患者截然相反的是，他不愿意分享任何的经历——怕别人打扰他。即便在听音乐、散步或者同别人聊天时，他的真正的快乐也是后来在回味中出现的。

自立和隐私都是为了他那个最显著的需要——彻底的独立——而服务的。他个人认为他的独立很有价值。独立的某些价值是不言而喻的。因为无论一个孤立的人有什么样的缺陷，他都不是一个任人摆布的机器人。他不盲从，不与人争，这的确赋予了他某种正直的品质。在这里，他的错误之处在于把独立视为了目的，忽略了独立的价值最终取决于他用它做了什么这个事实。他的独立就像孤立的整个表现，有一个消极的取向，目的是不受影响、不受压制、不受束缚、不承担责任。

像其他的神经症倾向一样，独立的需要也是强迫性的、任意的。它表现为对一切在任何反面类似于压制、影响、责任等的东西过敏。敏感程度是一把测量孤立程度的好标尺。患者对限制的感受各不相同。衣领、领带、腰带、鞋子这类东西给身体造成的压力或许就是这样感觉。任何阻挡视线的行为都有可能激发出一种被限制的感觉，身处隧道或者矿井中可能会制造焦虑情绪。这类敏感并不能完全解释幽闭恐惧症，但至少是它产生的背景。长期的义务能避免就避免：像签合同、签订超过一年的租约、结婚这种事对他来说很难做到。对孤立的人来说，结婚无论如何都是一个危险的提议，因为这涉及到人的亲密关系——虽然被保护的需要或者这个伴侣完全适合他的古怪个性的想法可能会降低结婚的风险。尚未完婚他就时常陷入恐慌。一般来说，他觉得固定好的时间是一种限制，上班晚到五分钟的习惯或许就能打破这种限制，以维持一种自由的幻觉。时刻表构成威胁，孤立型的患者喜欢听这样的故事：一个人，从来不看时刻表，想什么时候去车站就什么时候去，宁可到车站等下一班车。别人期待他做某件事或者有某种表现，他会因此觉得不安、产生逆反心理，无论这种期待真的说了出来，还只是存在于假想中。比如，他平时可能喜欢送人礼物，却常常忘记送别人生日礼物和圣诞礼物，因为这些事都是期待他做的。他讨厌过循规蹈矩的生活，讨厌遵循传统价值观做事。为了避免与人起冲突，他在外表上可能会显得一副听话的样子，其实在内心深处无比讨厌一切的条条框框。最后，别人给他提什么意见，就算这意见符合他心里想的，却依然被他视为对自己的控制，会遭到他的激烈反抗。这种情况下的反抗或许也与一种有意识或者无意识地挫败别人的愿望有关。

优越感的需要，虽为所有的神经症具备，但因其与孤立的内在联系，必须在此强调。"象牙塔"和"完全孤立"这些说法证明，即使在口语中，孤立和优越感也几乎是始终联系在一起的。一个人，若不是特别强大，特别有智慧，或者自认为特别重要，是绝对无法忍受孤独的。这一点在我行医时得到了证明。当孤立的人的优越感被暂时打碎时，无论因为惨败还是内心冲突的加剧，都会让他无法孤独，疯狂地想要得到关爱和保护。这种波动在他的个人经历中经常出现。他十几岁、二十岁出头的时候可能有过几段不太热烈的友谊，但总的来说过的是一种很孤独的生活，相对感觉要自在些。有了一些额外的收获，他会在幻想中编织未来。但后来，这些梦还是会被现实的硬石击得粉碎。虽然在上高中时，他曾确定无疑地宣称要争头名，但上了大学，遭遇到了激烈的竞争，就打消了这个念头。或者也可以这样解释，随着年纪的增长，他意识到了自己的梦并不现实。然后，孤独就变得让他无法忍受，他就会在一种强迫性的内驱力的影响下，沉浸在对亲密的人际关系、性爱关系和婚姻的追求中。这时候，如果有人爱他，他就愿意放弃一切的尊严。这样的人在接受精神分析治疗时，虽然他的孤立倾向依然突出、明显，却不愿老老实实地遵听医嘱。他最想要的是让医生帮助他找到某种形式的爱。只有在他感觉自己非常强大时，才会如释重负地发现，他更愿意过“独居生活，并且喜欢这种生活”。他的这种行为让人感觉他只是重新回到了以前的孤立状态。但实际上这是他第一次有充足的理由承认——甚至对自己承认——孤独正是他渴望的。此时将是医生治疗他的孤独症的良机。

孤立的人对优越性的需求有某些独有的特点。他讨厌竞争，不愿通过持续不断的努力在现实中高人一等。他更愿意不付出任何努力就能让别人看到他的内在价值，不愿付出任何行动就能让外人感觉到他深藏于心的伟大之处。比如，他在做梦的时候可能会幻想到在某个遥远偏僻的村庄存放着宝藏，鉴赏家们从很远的地方赶来观看。正如所有对优越性的看法，这里面也包含着一种现实的因素。埋藏的宝藏象征着他在魔圈里面所守护的他的理智与感情生活。

他的优越感还表现在他觉得自己独一无二。这是他想获得孤独感和与别人不同的感觉的直接结果。他可能会把自己比作一棵孤零零地生长在山顶上的树，而下面丛林中的那些树却阻碍着彼此的生长。屈从型的患者看着别人时，会暗自问自己："他会喜欢我吗？"——攻击型的患者想知道的是，"这个对手有多强？"或者"他对我有用吗？"——而孤立型的患者关心主要的是，"他会妨碍我吗？他想影响我还是想让我一个人安安静静地待着？"皮尔·金特（Peer Gynt）和纽扣机的故事完美地描述了孤立的人被扔到人群中时所感受到的那种恐惧。他就算在地狱住也没关系，可是一想到自己被扔进熔炉塑造或者变成别的样子就觉得恐惧。他觉得自己是一块稀有的东方地毯，图案、色彩构成独特，永远都不会变。他为自己摆脱了环境泯灭个性的影响而感到特别骄傲，决定继续这样做下去。他保护自己免受外力改变，将所有的神经症固有的那种固执提升到了神圣准则的高度。他愿意，甚至渴望精心经营他的生活，让它变得更纯粹、更透明，坚决不让任何外在东西渗进来。皮尔·金特的一句名言很好地描述了这种简单的生活状态："做自己就够了。"

孤立的人的感情生活不像我们描述过的那两种类型的人遵循着一个明确的模式。这类人的个体差异很大，主要因为与另外两类人完全相反，他们占主导地位的倾向均指向明确的目标——一类追求的是关爱、亲密和爱，一类追求的是生存、控制和成功——他的目标是消极的：他不想与别人过于亲密，谁都不想要，不允许别人侵犯或者影响他的生活。因此，他的感情状况依赖的是某种已经存在的或者允许在这个消极性的框架中存活的特殊欲望，像这样的孤立固有的倾向只能形成有限的几个。

有个一般的倾向，压抑一切的感情，甚至否认感情的存在。在这里，我想引述诗人安娜·玛利亚·阿米（Anna Maria Armi）尚未发表的一部小说中的一个段落，这个段落不但简明地描述了这个倾向，更描述了孤立的人的其他典型态度。故事的主人公回忆青春岁月时这样说道："我能想象出一种亲密的身体上的联系（比如我和我父亲），还能想象出一种亲密的精神上的联系（比如我和我心目中的英雄），却不知道这种联系中是否有感情流入，如果有，又是怎样流进去的；感情本来就不存在嘛——人们总在这件事上撒谎，正如在很多别的事情上撒谎一样。B惊呆了。她问我，'那你怎么解释牺牲这种事？'我一时震惊于她的话中的合理性，然后判定，牺牲只是另外一个谎言，就算不是谎言，也与肉体或者精神行为无关。那时候，我梦想着过一种独身的生活，一辈子都不结婚，不说太多的话，让自己变强大，变平静，也不要人家帮助。我想自食其力，变得越来越自由，为了看得明白、活得明白，甘愿放弃梦想。我觉得的道德没有意义；一个人若能达到至真状态，好与坏就没有任何分别了。寻求别人同情或者渴望别人帮助是大罪。灵魂对我来说就像圣庙，必须守护好，里面总在举行奇怪的仪式，只有牧师和看管人知道是怎么回事。"

否认感情的存在主要涉及到对他人的感情，与爱和恨都有关联。它是在感情上与别人保持距离这种需要的必然结果，患者生怕有意识地体验到的强烈的爱或者恨，会让他亲近别人或者与别人发生冲突。H.S.苏利文（H.S.Sullvian）的术语“远离机制”用在这里很合适。这并不是说感情就一定会在人际关系之外的范畴内受到压制，在书籍、动物、自然、艺术、食物等的领域内变得活跃。但需要提及的是，这么做有一定风险。对一个富有深沉而强烈的感情的人来说，只压抑一部分感情——最重要的那个部分——而不压抑全部的感情根本不可能做到。虽说这是理论上的推论，但下面这个事实的确是真实的。那些在创作期中宣称不但能够感悟到深沉的感情、更能把它们表现出来的孤立型的艺术家，往往在少年时代有过感情上的彻底麻木或者激烈否认一切感情存在的时候——就像我上面引述的那段话中描述的那样。创作期好像发生在对亲密关系的几次糟糕透顶的尝试之后，他们要么有意地，要么很自然地过起了独身生活的时候——也就是说，他们有意识或者无意识地决定与别人保持距离，或者被动地接受了某种独身生活的时候。此时，他和别人保持着一个安全的距离，可以释放、表达与人际关系并没有直接联系的大量感情了，这个事实可以解释，年轻时否认一切感情存在的做法对他的孤立的实现是必要的。

压抑感情可能会超出人际关系范畴的另外一个原因在我们讨论自立的时候已经暗示过了。任何可能使孤立者依赖别人的欲望、兴趣或者快乐均被视为对内心的背叛，因此必须加以阻止。这就好像站在一个可能会失去自由的立场上，小心谨慎地查看每一种局势，然后才允许感情完全释放出来。任何对独立的威胁都会让他产生退缩的想法。当他发现某种局势十分安全时，便会尽情享受。梭罗（Thoreau）的《瓦尔登湖》很准确地描述了这类情况下的深刻情感体验。对耽于享乐或者享乐间接损害自由的潜在恐惧有时会把他逼到禁欲的边缘。但这种禁欲很特别——目的并非自我否定或者自我折磨。我们不如叫它自律吧，若认识到了它的前提条件，就会发现它并不缺乏智慧。

自发的感情体验应该有属于自己的一个空间，这一点对心理平衡非常重要。比如，创造能力可能就是一种拯救的方式。这种能力若一直受到压制，然后通过精神分析或者其他的体验把它释放出来，就能在孤立者身上产生神奇般的治疗效果。评判这种疗法一定要谨慎。首先，泛化疗效是错误的：对孤立者来说意味着救助的手段对他人不一定有这样的作用。甚至对他而言，从神经症根本性的变化这个意义上讲，严格来说也不能算是一种“治疗”的手段，只是为他提供了一种更满意、更少焦虑的生活方式。

感情被压制得越厉害，就越有可能强调理智的重要性。然后，患者就有可能会认为，一切问题单靠推理的力量就能解决，就好像只要认识到自己的问题就能把它们治好似的。或者单靠推理就能解决世界上的所有问题似的。

关于孤立者的人际关系我们已说了这么多，现在应该清楚任何亲密、长久的关系都会损害他的孤立，进而造成灾难性的后果——除非伴侣也像他一样孤立，自愿尊重保持距离的需要，要么出于别的原因，能够也愿意使自己适应这样的需要。深爱着皮尔·金特，痴痴地等着他回来的莎薇琪就是这样的理想伴侣。莎薇琪对他一无所求。她对他的期待正如他在感情上失控一样会让他恐惧。他绝大多数时候并未意识到他能给的是那么少，却仍觉得将他那视作珍宝、尚未表达就已死掉的感情倾注在了对方身上。感情上的距离若能得到有效保证，他或许就能保持一种相当程度上的持久的忠诚。他或许可以拥有几段强烈却短命的关系，在这种关系中，他往往露一下头就跑掉了。这种关系太脆弱，任何因素都会加速他的撤离。

他可能会把性关系这种与人联系的纽带看得过重。这种关系若是暂时性的，且不会扰乱到他的生活，他会尽情享受。这种性关系依然应被限定在一定的氛围内。另一方面，他可能会对这种关系极其冷漠，不允许异性进入他的生活。然后，完全臆想出来的关系可能就会取代真实的关系。

我们所描述的这一切的特点都是在精神分析过程中出现的。孤立型的人当然憎恨精神分析，因为这是最有可能侵犯他的私生活的一种方式。但他又对分析自我充满兴趣，也为缜密的内心活动被打开后所展现的更加辽阔的风景所吸引。艺术般的梦境和他忽略掉的某些正当联系也可能会激起他的兴趣。他证实假定时的那种高兴的劲头简直是科学家式的。他欣赏精神分析医生的专注，不时指出一点点问题，却又憎恶被要求或者“强迫”走向他没有预见到的某个方向。在接受心理诊治的过程中，他会常常提到建议的危险——虽然与其他任何类型的神经症患者相比，他招致的危险要小，因为他早已全副武装做好了抵抗任何“影响”的准备。他绝不会通过验证医生的建议这种理智的方法捍卫自己的立场，而是更习惯于盲目拒绝（虽然是用间接、礼貌的方式）一切与他的自我观和生活观不符的意见。当医生希望他做出某种改变时，他会特别生气。当然了，他想把任何让他感到不痛苦的东西扔掉，但千万不要涉及到他的个性的改变。他几乎永远愿意做一个观察者，正如他无意识中永远愿意保持本色。他抗拒一切影响，只是为他的态度提供了一个解释，并且不是最深刻的那个；我们稍后会认识到其他的因素。当然了，他会在自己和精神分析医生之间保持一个很远的距离。很长一段时间内，精神分析医生只是一个声音。接受心理诊治的情况可能会以这样的一幅画面出现他的睡梦中：两位身处不同大陆的记者正在打长途电话。乍一看，这样的一个梦好像是在表现他对精神分析医生和精神分析过程的疏离感——其实只是准确地表达了一种存在于意识中的态度。但鉴于梦是寻找解决方式的一种尝试，而不仅仅是对现有感情的一种描述，这样的一个梦的深刻含义，就是在表达让他与精神分析医生以及整个精神分析过程的关系离开他的一种愿望——绝不能让这种精神分析触碰到他。

精神分析过程之中和之外最后一个值得关注的特点，就是当患者的孤立状态受到攻击时患者进行的拼死防护。每个类型的神经症患者遇到这种情况都会做出这样的反应。但孤立型的人的抗争非常坚决，简直可以说是生死之战，为了打赢这场战争，一切可以利用的资源都要被调动起来。其实，早在孤立受到攻击之前，战争就以一种破坏性的方式不声不响地开始了。拒绝精神分析医生的介入是战争的一个阶段。精神分析医生若试图让患者相信他们之间存在某种关系，并且暗示患者可能正在想这种关系，就会遭到患者巧妙、有礼貌的否认。患者至多会表达对于精神分析医生的某些理智看法。若医生脸上露出某种很自然的感情反应，他就不会再追究下去。此外，对任何与人际关系精神分析有关的东西，患者内心深处一贯抱有抵抗态度。患者极力隐藏与他人的关系，为此精神分析医生常常被搞得一头雾水。不愿说这种事是可以理解的。他始终在和别人保持着一个安全的距离，聊这件事只会让他感到不安、心烦。一再尝试着追问这件事会遭遇患者公开的质疑。这个精神分析医生是想让他的患者爱上交际吗？（对患者而言，这是医生对他的鄙视。）稍后，精神分析医生若成功指出孤立的某些缺点，患者会变得恐惧和恼怒。这时候，他可能会放弃此次交谈。在精神分析过程之外，要说他的反应有何区别，那便是更加激烈。这些平日里安安静静、通情达理的人，倘若自己的孤立和独立受到威胁，就会被气得目瞪口呆，或者真的破口大骂。一想到加入某个活动，或者某个需要真正参与而不仅仅是交一笔会费就算了事的专业团队，他就会感到极度恐慌。在寻找逃生办法方面，他们要比一个生命受到攻击的人表现得更为专业。正如一位患者曾经说的，若在爱和独立之间做出一个选择，这种人会毫不犹豫地选择独立。这就引出另外一个特点。他们不但愿意利用一切可以利用的手段防护自己的孤立，更愿意为了孤立做出任何牺牲。他们或有意识地将任何可能干涉到独立的欲望弃掉，或无意识地自觉压制欲望，把外表的优点和内在的价值都抛弃了。

任何东西，受到如此有力的防护，一定具有某种极大的主观价值。只有意识到这一点，才能有望理解孤立的作用，并最终对患者进行有效治疗。我们已经看到，每一种对他人的基本态度都有其实在价值。亲近人的患者试图为自己创造一种与外界的友好关系。对抗人的患者想尽一切办法试图在竞争性的社会中生存下来。回避人的患者则希望获得某种正派的品格和内心的平静。其实，三种态度不但有利于人的发展，更是人的发展所必需的。只是当它们出现在并作用于神经症的基本体系中，才会变得强迫、死硬、混乱。这大大损害了它们的价值，却没有把它们毁灭。

孤立确有很多好处。重要的是，所有的东方哲学均把孤立视作至高灵魂修炼的基础。当然，我们不能把这种强烈的愿望与神经症的孤立相比。这种孤立是达到自我实现的最佳方式，是渴望过一种不同的生活的修道者的自愿选择；而神经症的孤立与选择无关，是由患者内心强迫所致，是唯一可能的生活方式。然而，这种孤立同样具有某些好处——虽然好处的多少主要取决于整个神经症过程的严重程度。神经症的力量虽具破坏性，但孤立的人照样可以保持某种正派的品质。在一个人际关系普遍友好且诚实的社会中，这种品质算不得什么。然而在一个充满伪善、狡诈、嫉妒、残酷和贪婪的社会中，一个人，若不是内心足够强大，会很轻易遭受到这种品质的伤害，保持距离则有助于保持这种品质。还有，既然神经症往往会剥夺一个人内心的平静，孤立就有可能提供一种抵达内心平静的途径，至于程度的高低，因患者愿意付出的牺牲的多少而有所不同。另外，他那个魔圈内的感情生活若没有完全死亡，孤立就能赋予他某些原创性的思想和感觉。最后，所有的这些因素，连同他对他与这个世界的关系的冥思，还有他那相对贫乏的娱乐活动，一并促成了他的创造性能力的发展和表现——如果他有这种能力的话。我并没有说神经症孤立是创造力的前提条件，而是说在神经症的压力下，孤立会为潜在的创造力提供最好的表现机会。

这些好处也许是真实存在的，却并非患者拼死防护孤立的主要原因。其实，哪怕只有最少的一点好处，或者好处被同时存在着的烦恼严重遮盖，患者也会出于某种理由这么做。这个事实引向了问题的更深处。孤立的人若被强迫与他人建立亲密关系，很可能就会垮掉，用时髦的一个词来说就是精神崩溃。我在这里选用这个词是经过深思熟虑的，因为它涵盖了烦恼的宽泛含义——机能紊乱、酗酒、自杀企图、抑郁、工作能力不足、阵发性精神错乱。患者本人往往会把苦恼和“精神崩溃”发生前的某件烦心事联系在一起，精神病医生有时也会这样想。比如，警察小队长给予的不公正歧视，丈夫玩弄别的女人却矢口否认，妻子的神经症行为，某段同性恋的往事，在大学里不受欢迎，以前的生活很有保障，现在却需要谋生养家……这些事件都有可能成为被怪罪的对象。毫无疑问，此类问题和上述因素是有联系的。精神病医生应该认真对待这类问题，并努力搞清楚患者的崩溃是由哪个特殊的因素造成的。但这么做还远远不够，因为问题依然没有解决：患者为何受了这么强烈的影响？他的整个精神平衡为何被一件烦心事打破了，而一般来说，这件烦心事并不认为比普通的心烦意乱更严重？也就是说，就算精神病医生知道了患者会对某件特别的烦心事做何反应，却仍需弄清楚这件烦心事和它造成的后果为何如此不相称。

回答这个问题，我们应该指明如下事实：与孤立有关的神经症倾向，正如其他的神经症倾向，只要能发挥作用，就能赋予个人一种安全感，反过来说，若不能发挥作用，就会给予个人一种焦虑感。只要孤立的人能与他人保持距离，就会感到相对安全；若是无论出于何种原因，魔圈被刺破，他的安全就会受到威胁。这一点使我们更容易理解当孤立的人无法继续防护他与别人之间在感情上的距离时就会感到恐慌——我们还应知道，他之所以如此恐慌，是因为他无法应对生活。他只想像以前那样，保持孤立，避免与生活碰面。在这里，又是孤立的消极因素赋予了神经症这幅画卷一种特殊的色彩，一种异于其他神经症的倾向的色彩。说得更确切一点，就是在陷入困境时，孤立的人既不能屈从，又不能抗争；既不能与人合作，又不能发号施令；既不能爱，又无法做到残酷无情。他就像一只没有任何自卫能力的动物，面对危险只有一种应对的手段——也就是逃跑、躲起来。战斗画面或者类似场景经常出现在他的联想和睡梦中，他感觉自己就像一个斯里兰卡侏儒，只要隐藏在丛林深处就不会被人发现，然而现身时很容易受到攻击。他就像一座中世纪的城镇，只有一面墙保护着——墙若被占了，整座城镇就根本无力抵抗敌人的进攻。这种状况足以证明他面对生活时为何总会感到焦虑。这有助于我们理解他为何要把孤立视作一种终极保护手段，必须牢牢抓住，无论付出多大的代价也要防护好。所有的神经症倾向说到底都是防护性的手段，但其他的两种倾向会尝试着用一种积极的方式处理好同生活的关系。当孤立成为居于主导地位的倾向时，就会让一个人完全无力应对现实生活，以至于最后孤立几乎完全成了防御性的手段。

但患者拼命防护自己的孤立有着更深层次的原因。对孤立的威胁，即“打碎心墙”，往往不只意味着暂时的慌乱。患者可能患上阵发性精神病，造成人格的某种缺失。在精神分析的过程中，若孤立开始破碎，患者不但会变得极为焦虑，更会通过直接和间接的方式确定无疑地表现出恐慌。比如，他可能会担心被纷乱的人潮淹没——主要担心失去个性。他还担心受到攻击型的人的胁迫和利用，自己却无能为力——他完全无力防护的恶果。然而还有第三种担心，就是发疯，对彻底疯狂的担忧会让患者想尽一切手段阻止这种可能性的出现。在这种情况下发疯，并不意味着突然的狂怒，也不是对不负责任的隐性愿望的一种反应。它是对心墙被砸开的恐惧的一种直接表现，并且这种表现通常会出现在梦境和联想中。这表明，放弃孤立会让他直面自己的冲突，他会被冲突击败，借用一位患者突然想到的画面，他就只能像一棵树那样，被闪电劈为两半。这个假定已被其他的观察结果证明。极度孤立的人对内心冲突的想法有一种几乎无法克服的厌恶。稍后，当精神分析医生谈论冲突时，他们会告诉他根本不知道他在说什么。每当精神分析医生向他们成功指出他们心中正在发挥作用的某种冲突时，他们就会神不知鬼不觉地在无意识中采用某些惊人的技巧避开这个话题。他们若是尚未做好承认的准备，因一时疏忽瞬间认识到了某种冲突的存在，就会突然感到极度恐慌。然后，当他们在一个更安全的基础上开始处理“认识到冲突”这件事的时候，一股更加凶猛的孤立的波浪就会随即朝着他们奔涌过来。

这样我们就得出了一个乍一看会觉得有些困惑的结论。孤立是基本冲突的一个固有组成部分，却也是防止基本冲突侵犯的一种手段。然而，如果我们说得更明确一些，困惑就会自动消解。它是防止基本冲突当中那两个更为活跃的伙伴侵犯的一种手段。在这里，我们必须重述如下论断：基本态度中居于主导地位的态度并不能阻止其他相反态度的存在或者发挥作用。我们可以看出，相比已描述过的那两种类型，这种“角力”的场景在孤立者的人格中表现得更加清晰。首先，对抗的场景经常出现在患者的个人经历中。孤立的人明确接受自己的孤立之前往往要经历屈从和依赖，也要经历奋力、无情的反抗。与其他两种明晰的价值观截然相反，他的价值观最矛盾。除了永远高度评价被他视作自由和独立的东西，在接受精神分析诊疗的过程中，他有时也会极度赞美人性的善良、怜悯、慷慨和幕后牺牲，但有时又会尊奉绝对的丛林法则，认为“人不为己，天诛地灭。”他自己也被这些矛盾的东西搞得困惑不解，但通过推理或者别的手段，总会竭力否认它们的矛盾本性。如果精神分析医生对患者的整个人格结构没有一个清晰的理解，就会很容易被搞糊涂。他可能会朝这方面想想，再朝那方面想想，但两方面想得都不深，因为患者总会躲进孤立中避难，这就关掉了所有的通道，就像关闭了一艘船的防水舱。

在孤立者这种特殊的“反抗”下面隐藏着一种无懈可击的简单逻辑。他不想让自己和精神分析医生有什么瓜葛，也不想把自己“当人看”。他根本不想分析他的人际关系。他不想面对他的冲突。若我们理解了他的前提，就能看出他甚至对分析这些因素中的任何一个都没有一点兴趣。他的前提是只要与他人保持一段安全的距离就永远不用为人际关系担忧；只要能远离他人，即便人际关系中有一些小小的波澜，也不会让他惊慌；就连精神分析医生提到的那些冲突也可以并且应该被置之不理，因为它们只会让他烦恼；也没必要弄清楚什么，因为毕竟他死活都不肯离开他那座孤立的小屋了。正如我们之前所说，这种无意识的反应在逻辑上讲是正确的——在一定程度上是这样的。他没有注意到的且长久以来拒绝承认的，是他在真空状态中根本不可能生长、发展。

因此，神经症孤立的基本功能就是让主要冲突无法发挥作用。这是对抗主要冲突最重要、最有效的手段。孤立是神经症患者制造虚假和谐的众多手段中的一种，试图通过躲避达到目的。然而这无法真正解决问题，因为对亲密的强迫性渴求，对无情控制别人、利用别人和出人头地的强迫性渴求依然存在，如果不把这些渴求的载体破坏掉，它们就会继续折磨患者。最后，只要矛盾的价值观继续存在，患者就永远不会获得内心的真正平静或者内心的真正自由。

第六章　理想化的形象

我们讨论了神经症患者对待他人的基本态度，就此知悉了他试图解决自身冲突，或者说得更确切些，试图处理自身冲突的两种基本方式。一种是压制人格中的某些方面，突出其对立面；一种是保持自己和他人之间的距离，让冲突失去作用。在使用这两种方式的过程中，患者都会有一种统一和谐的感觉，从而使他能够发挥自身作用，即便这会使他付出极高的代价。

我们在这里要描述的是一种更深层次的尝试，即创造一种形象，神经症患者觉得自己就是这种形象，或者在某个时候觉得自己可以成为或者应该成为的一种形象。无论是有意识的还是无意识的，这个形象在很大程度上都是脱离现实的，虽然它对患者产生的影响非常真实。另外，它总是以一种献媚、讨好的形式出现，就像《纽约客》中的一幅卡通画，一位大块头的中年女士站在一块镜子前打量自己，看到的却是一位身材苗条的年轻姑娘。这个形象的特点因人而异，且由人格结构决定：患者可能想突出的是美貌，也可能是权力、智慧、天赋、圣洁或者诚实，反正想突出什么，都是患者说了算。这个形象有多不现实，患者就有多自傲，我们在这里用的是“自傲”这个词的本义，因为“自傲”虽然常常被当作“高傲”的同义词来用，其意义却是为自己并不具备的某些品质而骄傲，或者为某些潜在的但实际上还不具备的品质骄傲。这个形象越不现实，患者就越脆弱，就越渴望得到外界的证明和认可。对于我们确信具备的某些品质，我们并不需要别人的证实，不过当别人质疑我们声称具备其实并不具备的某些品质时，我们就会极度敏感。

我们可以看出，这种理想化的形象在精神病患者夸张的想法中表现得最为突出，然而在理论上，它和神经症患者的特点是一样的。它在神经症患者身上或许表现得并没有那么怪异，但他们同样能感觉到它。如果我们把它的虚幻程度作为区分精神病和神经症的标志，或许就可以把这种理想化的形象视为在神经症的质地中织入了一点精神病的材料。

从根本上讲，这种理想化的形象其实是一种无意识的表现。虽然哪怕在一个没有受过任何训练的观察者看来，他的自我膨胀都是那么明显，但他其实并未意识到在理想化自己。他也不知道在这个理想化的形象中聚集了多少古怪的特点。他可能会模模糊糊地感觉到他在对自己提出很高的要求，却把这些完美的要求误认为了真实的理想，而他也绝不会怀疑它们的正当性，反倒为它们感到十分骄傲。

至于他的创造力如何影响他对自己的态度，这就因人而异了，但主要取决于患者的关注点。若神经症患者关注的是让自己相信他就是那个理想化的形象，就会在心底认为他就是那位智者，那位高人，连身上的某些缺点都是神圣的。若他关注的是与那个理想化的形象一比就会心生鄙视的现实中的自己，他最先的反应就是贬低、责备自己。既然因无情的自我鄙视所产生的那个自我形象与真实自我的距离，同理想化的形象与真实自我的距离一样，那叫它“被贬低的形象”就很合适。最后，若他关注的是理想化的形象和真实的自我之间的差距，他能意识到的以及我们能观察到的就只会是他持续不断地努力填补这种差距，不断鞭策自己变得完美。在这种情况下，他一直在以一种惊人的频率重复“应该”这个词。他一直在对我们说他应该有什么样的感觉，应该怎么想、怎么做。其实他就像一个自恋的人，确信自己天生完美，这一点表现在他认为只要对自己要求更加严格，加强对自己的控制，思维更敏锐一些，更谨慎小心一些，就真的能达到完美。

与真实的理想截然相反，理想化的形象具有一种静止的特点。它并不是一个他要努力达到的目标，而是他顶礼膜拜的一种固定观念。理想具有运动的特点，能激励人采取行动去靠近它们，并且是促进人的成长与发展的一种不可或缺的宝贵力量。理想化的形象无疑会拖成长的后腿，因为它要么否认一个人的缺点，要么只是谴责它们。真实的理想使人谦逊，理想化的形象使人自傲。

这种现象——无论如何定义——早在很久以前就被人们认识了。哲学著作中总提到它。弗洛伊德把它引入神经症理论，并给它起了几个不同的名字：自我理想、自恋、超级自我。它是阿德勒哲学理论的中心论点，被阿德勒称为“追求优越感”。若详细描述这些观点和我的观点之间的异同点就离题太远了。简单来说，这些观点描述的都是理想化形象的一个方面，没有把这种现象当作一个整体去看待。因此，虽然弗洛伊德、钱德勒以及很多其他作家——如弗朗茨·亚历山大（Franz Alexander）、保罗·费恩（Paul Federn）、伯纳德·格鲁克（Bernard Glueck）和欧内斯特·琼斯（Ernest Jones）——发表过相关的评论，对此也争论过——却都没有认识到这种现象的全面意义以及它的作用。那它都有什么样的作用？显而易见，它能满足重大需求。无论作家们如何在理论上解释它，但有一点是他们都认同的：它是构成神经症的一座坚固堡垒，很难撼动，甚至很难削弱。比如，弗洛伊德就把一种根深蒂固的自恋态度视为治疗过程中最不易攻克的障碍之一。

先说也许是它最基本的作用，理想化的形象可以取代真正的自信和自豪。一个最终患上神经症的人，因其承受的痛苦，几乎没有机会率先建立自信。就算他有了一些自信，也会在他的神经症恶化的过程中被削弱，因为建立自信所必须的条件注定要遭到毁灭。很难简单描述这些条件。最重要的因素是一个人感情能量的活跃程度和可利用程度、真实目标的进度以及身体的健康活跃度。然而，若一个人患了神经症，这些好东西就都会毁灭。神经症倾向损害自决能力，因为患者是被迫的，无法自己做主。另外，神经症患者的自决能力因其对他人的依赖会不断遭到损害，无论依赖的是什么样的方式——盲目的反抗、盲目地渴望超越别人以及盲目地希望与别人保持距离，都是依赖的不同表现形式。还有，他压抑大部分的感情能量，让它们完全丧失了作用。所有的这些因素让他几乎无法发展自己的目标。最后但并非最不重要的一点就是，基本冲突让他自己就分裂了。神经症患者就这样被剥夺了坚实的根基，除了自我吹嘘再没有别的路可走。这就是坚信自己拥有无穷的力量为何永远是理想化形象的一个组成部分。

第二个作用与第一个密切相关。神经症患者在真空中不会感到虚弱，但在一个充斥着随时准备欺骗他、羞辱他、奴役他和击败他的敌人的世界中会感到虚弱。因此他就不得不时时评价自己，与别人比，然而他这么做并非出于自大或者一时的怪念头，而是出于强迫。因为他在心底觉得虚弱，又瞧不起自己——我们稍后会描述这一点——他就必须找到某种让他感觉舒服一些的东西，让他觉得自己比别人强的东西。无论是感觉比别人更神圣，更冷酷，更有爱心，还是更悲观，反正他得觉得自己在某些方面比别人强——还不包括任何特别的争强好胜的内驱力。一般来说，这样的一种需要包括了某些想要胜过别人的因素，因为无论神经症的构成形态是什么样的，患者总会有一种脆弱感，总会觉得自己被别人轻看了、羞辱了。报复性的争强好胜的需要，作为一种战胜羞辱感的良药，可能主要作用于、存在于神经症患者的心中；这种需要可能是有意识的，也可能是无意识的，它是神经症患者胜过别人的数种内驱力中的一种，具有特殊色彩。文明社会的竞争本质搞乱了人际关系，不但助长了神经症的普遍高发，更特别地满足了这种争强好胜的需求。

我们已经看到了理想化的形象是如何取代真实的自信和自豪的。但它还有一种替代的方式。神经症患者的理想都是矛盾的，因此就不可能有任何约束性的力量，它们始终都是模模糊糊、不明确的，不会给予他什么指引。因此，若不是他努力朝着他心中自创的那个偶像行进，从而赋予了他的生命某些意义，他就真的会有一种彻底迷失方向的感觉。这一点在精神分析治疗过程中表现得尤为明显，当他那个理想化的形象受到损害时，他一时间的确会感到很迷茫。也就是在那个时候他才认识到了他在理想上的困惑，才开始让他觉得这一点极为讨厌。在此之前，整件事都是他无法理解的，他也不关心，无论他口头上说得如何如何漂亮，而现在，他平生第一次意识到理想真的有些意义，想发现他自己的理想到底是什么。我觉得这种体验就是理想化的形象取代真实理想的证据。了解了这种作用对治疗而言颇有意义。精神分析医生此前可能向患者指出过他的价值观中的矛盾之处。但只有在患者放弃了这种理想化的形象之后，他才能指望患者对这个问题表现出积极的兴趣，才能致力于解决这个问题。

理想化的形象还有一个特殊的作用，比我前面提到的每种作用都重要，这就是它的僵死特征。在自己家中，站在镜子跟前，倘若我们看到的是一幅自我的完美形象，无论是道德上的还是智力上，这时候我们那最令人讨厌的缺点和缺陷要么不复存在，要么获得了某种迷人的色彩——这就好比在一幅上等的油画中，原本破旧的墙已经不再破旧，却变成了一个由棕色、灰色和红色组合而成的漂亮物体。

提出下面这个简单的问题，能让我们对这个防护性的作用有更深的理解：一个人到底把他的错误和缺点看作了什么东西？乍一看，这种问题简直无解，因为一万个人会有一万个不同的答案。然而有一个答案是确定的。一个人究竟会把他的错误和缺点看作什么，要取决于他接受或者排斥自身的什么东西。不过，这一点——在相同的文化背景下——是由基本冲突中居于主导地位的那个方面决定的。比如，屈从型的人并不把他的恐惧和无助视作污点，而攻击型的人则把这样的感觉统统视为耻辱，要掩盖起来不让别人看到。屈从型的人把他的恶意攻击视作一种罪恶，攻击型的人则把他的温和视作一种可鄙的软弱。另外，每种类型的人都喜欢否认其实他并不怎么样这个事实。比如，屈从型的人就爱否认他并不是一个真的讨人喜欢、慷慨大方的人这个事实；孤立型的人并不愿看到他的孤立其实是自由选择的结果，他之所以离群索居就是因为跟人家合不来等等。一般来说，这两种类型的人都排斥虐待倾向（稍后我们会谈到这一点）。这样我们就得出了一个结论：被患者视为缺点，被患者排斥的东西，其实就是那些与居于主导地位的对别人的态度所创造的那个和谐形象不相符的东西。我们就此可以认为，理想化的形象的防护作用就是否认冲突的存在，所以才要保持静止不动。在认识到这一点之前，我总在想神经症患者为何死活都不肯把自己看得稍低一点，稍小一点。但这样一看问题的答案就十分清晰了。他死活不肯后退一步，就是因为一旦认识到了自己的某些缺点，就得直面自身冲突，这样有可能会毁掉他创造的那个虚假的和谐景象。因此，我们就搞清了冲突的强度与理想化形象的死硬程度之间的一种明确的关系：特别复杂、死硬的形象导致了特别混乱的冲突。

除了上面说的那四种作用，理想化的形象还有第五种与基本冲突有关的作用。它的积极作用不仅限于掩盖冲突中让人无法接受的那个部分。它还体现了一种艺术性的创造，在这种创造中，冲突各方似乎和解了，或者在患者本人看来无论如何都不再像是冲突了。举几个例子就能说清这到底是怎么回事。为了避免冗长的叙述，我只说几个现存的冲突以及它们是如何出现在理想化的形象中的。

在某人（我们将其称为X）的冲突中，居于主导地位的倾向是屈从——渴望关爱、赞许，渴望被人照顾，渴望变得有同情心、慷慨大方、为别人着想，爱别人。第二位的倾向是孤立，通常表现为不愿聚群，看重个人独立，害怕与人产生联系，对强迫性的行为敏感。孤立的倾向总与对亲密关系的需求产生冲突，总让他在和女人相处时感到焦虑。攻击性的内驱力也很明显，让他凡事都想争第一，利用间接的手段控制别人，不时利用别人，不容许别人干涉他的行为。当然了，这些倾向大大削弱了他的爱的能力和交友的能力，也和他的孤立发生了冲突。他并没有意识到这些内驱力，而是为自己组建了一个由三种角色构成的理想化的形象。他既是讨女人喜欢的男子，又是她们的朋友——任何一个女人对他的爱都不可能胜过对别的男人的爱；他的善良和好心没人比得过。他是他所在的那个年代中最伟大的领袖，是人人敬畏的政治天才。最后，他是一位伟大的哲学家，是智者，是为数不多的几位被赋予了深刻的洞察力、得以窥探生命的意义以及生命终极虚无的圣人之一。

这种形象绝不是异想天开。他在这些方面都有足够多的潜力。但这些潜力都被提到了事情已经做完的高度，被提到了独一无二的伟大成就的高度。另外，内驱力的强迫性本性被遮盖住了，被一种“我天生就有这些品质和天赋”的想法取代了。本来是神经症患者对关爱和赞许的一种渴求，此时却被他误认为了一种爱的能力；本来是一种出人头地的内驱力，却被他误认为了高超的天赋；本来是对孤立的一种需要，却被他误认为了独立和智慧。最后也是最重要的一点，他的冲突用下面这样的方式被赶跑了。现实生活中相互对立、阻止他施行任何潜力的几种内驱力，被他抬高到了一个抽象的完美的范畴之内，以一种丰富人格的几个相互和谐的方面表现了出来；而它们所代表的基本冲突的三种倾向，都被孤立在了构成他那个理想化的形象的三种角色之中。

另外一个例子更清晰地显现出了孤立冲突因素的重要性。我们姑且把这个例子中的主人公称为Y。在Y的个人冲突中，居住主导地位的倾向是孤立，他具有我们在上一章中所描述的这类人的一切特性，只不过在我说过的这个例子中，他的这些特性都很极端。Y的服从倾向也很明显，只不过这种倾向和他的独立愿望极其对立，他就把它从自己的意识中踢出去了。他竭力变得极为出色，有时会强制性地打破压抑的坚硬外壳。他也知道自己渴望人类的温情，于是在追求孤立的同时也在追求这种东西。他只能在想象中让自己变得冷酷无情，富有攻击性：他沉浸在大规模杀戮的幻想中，坦白说，他真想把和他有过冲突的那些人统统干掉，他自称信奉丛林法则——信奉强权就是真理，残酷无情地追求个人利益是唯一聪明、诚实的生活方式。然而，在实际行动中，他却是一个很羞怯的人，愤怒的爆发只发生在某些特定的情况下。

他的理想化的形象是由下面这些因素很奇怪地组合在一起的。他多数时候就像一位山顶上的修士，拥有无穷的智慧和内心的平静。但他偶尔也会化身为狼人，完全丧失了人性，对杀戮充满了激情。就好像这些完全对立的角色还不够似的，他还是理想的朋友和情人。

我们在这里可以看出Y也对神经症倾向持否认态度，为了达到目的同样不择手段，也把潜力误认为了他在现实中真正具备的东西。但在这个例子中，主人公并没有尝试着与冲突和解，矛盾依然存在。但是——与真实的生活截然相反——这些矛盾显得很纯粹。它们是孤立的，因此彼此间并不会发生冲突。这一点好像十分重要。这类冲突消失了。

最后一个例子的理想化形象更具统一性：在主人公Z的实际行为中，攻击性的倾向占据了强有力的位置，并伴随有虐待性的倾向。他无情地控制别人，利用一切手段利用别人。在一种极其强烈的热情的驱使下，他冷酷无情地朝着自己的目标靠近。他有办法，有组织能力，又能与人抗衡，能够有意识地依照绝对的丛林法则行事。他也极其孤立，但因为他的攻击性内驱力总是让他与别人产生关系，所以根本无法保持孤立。他时刻保持警惕，既不让自己卷入任何的私人关系，也不让自己聚群。在这一点上，他做得相当成功，因为对他人的积极性的感情被大幅压制了；对人类亲密关系的渴望也通过性爱的方式获得了释放。然而，他仍有一种明显的屈从倾向，还有一种与对权力的欲望相冲突的对赞许的需要。还有一些潜在的清教徒式的标准，主要是用来对付别人的——但他当然也会忍不住用在自己身上——这样就与他信奉的丛林法则严重冲突了。

在他的理想化的形象中，他是身着闪亮盔甲的骑士，是视野广阔、洞察秋毫的十字军战士，永远朝着正义挺进。身为智慧的领袖，他和任何人都没有私人上的关系，只执行严明却公正的纪律。他诚实，不伪善。女人们爱他，他本可以成为她们的情人，却不依恋任何一个女人。在这里，在别的例子中达到的目标，在这个例子中也达到了：基本冲突的几个因素被融在了一起。

由此可以看出，理想化的形象就是解决基本冲突的一种尝试，一种与我描述过的那些尝试至少同等重要的尝试。它作为一条绳子，可以把一个分裂的个体捆绑起来，因此具有巨大的主观价值。虽然它仅存于患者的意识中，却对他与他人之间的关系有着决定性的影响。

理想化的形象或许可以被称为虚构的或者虚幻的自我，但这么说只说对了一半，因此会误导别人。意念在理想化形象的创造中无疑发挥着异常重要的作用，特别是考虑到它是发生在站在坚实的现实基础上的人身上的。但这并不能让它变得完全虚幻。这是一种有想象力的创造，与几个非常现实的因素紧密相连且由它们决定。它通常包括一个人的真实理想的印记。虽然辉煌的成就是虚幻的，但成就之下蕴藏的潜力往往是真实的。更重要的是，它源于非常真实的内心需求，能够发挥非常真实的作用，对其创造者有着非常真实的影响。创造的过程由异常明确的规律决定，因此了解了它的具体特性，就可以使我们准确推断出患者的真实人格结构。

然而，无论有多少幻想的成分融入了这个理想化的形象，对神经症患者本人来说它都具有现实意义。幻想的根基越坚固，他的理想化的形象就越稳固，而他的那个真实的自我却相应地黯淡下去了。因为这种形象所发挥的作用的本质，这种虚实颠倒的状况注定会发生。每一种作用的目的都是抹掉真实的人格，把自己置身于聚光灯下。回过头去看很多患者的病历，我们不由得会想，这种幻想往往真的可以救患者的命，而这就是为什么当患者的理想化形象受到攻击时，他所给予的拼命反抗是完全正当或者至少是合乎逻辑的。只要他那个理想化的形象在他看来仍然是真实的、完整的，他就觉得有意义、比人家强、和谐统一，虽然这些感觉其实都是虚幻的。他想当然地认为自己有权提各种要求，并且基于他那假定的高人一等的事实，有权让人家满足他的要求。不过，倘若他的理想化的形象受到了损害，他就会马上受到即将面对自己的所有弱点这个想法的威胁，这样他就会觉得自己无权再要求什么，变成了一个相对卑微的人，甚至——在他看来——变成了一个可鄙的人。更可怕的是，他还要面对他的冲突和被撕成碎片的巨大恐惧。然而，这可能会给他提供一个机会，让他变得更为出色，与他那个理想化的形象带给他的一切荣耀相比，这种结果更有意义，虽然在他听来，这是一种真理，但在很长一段时间内，他都觉得这种东西没有任何价值。这是他所惧怕的黑暗中的一次飞跃。

理想化的形象具有如此巨大的值得称赞的主观价值，若不是它那无法摆脱的严重缺点，它的地位就不会受到攻击。它就像一座强大而坚固的建筑物，因虚幻的建筑材料变得极易受到攻击。它又像一座装满了炸药的宝库，让患者本人变得十分脆弱。来自外界的任何质疑或者批评，他没有达到理想标准的任何认知，对于正在自己心中发挥作用的内驱力的任何真正的洞悉，都会让这座宝库爆炸或者坍塌。如果不想暴露在这种危险下，就得限制自己的生活。他必须避免无法受到别人钦佩和赏识的场合。他必须避免无法确定能否胜任的任务。他甚至还会养成一种好逸恶劳的恶习。对他这样的天才来说，想画哪幅画，只要心中想到就算完成了，并且还是大师之作。普通人通过艰苦的劳作可能会有所成就，但对他来说，把自己视作诸如汤姆、迪克和哈里这样的碌碌之辈，就相当于承认了自己并不是什么大师，这将是对他的一种极大侮辱。因为不劳作什么事都做不成，他就用这种态度击败了他被迫要达到的那个目标。这样一来，他的理想化的形象与他的真实的自我之间的差距就变大了。

他依赖的是别人的不断肯定，从形式上来说有赞许、钦佩和奉承——然而，任何一种形式的肯定所能带给他的只是暂时的自信。他可能会在无意识中恨每一个自傲的人，或者在某个方面比他强的人——比如更自信，身材更匀称，懂得更多——这些人可能会损害他对自己的看法。他越是坚持认为自己就是那个理想化的形象，他的忿恨就越强烈。若他的自傲受了压制，他就有可能会盲目羡慕那些公然说自己如何如何重要，并且通过自傲的行为把这一点表现出来的人。他爱的是他们身上自己的那个理想化的形象，当他迟早意识到他如此崇拜的神灵感兴趣的只是他们自己，就他来说，关心的只是他在他们的神坛前烧过的祭物时，他就会不可避免地陷入极度的失落状态。

很有可能最大的缺点就是此后的自我孤立。压抑或者放弃我们自身的基本部分，必然会造成自我孤立。这是神经症发展过程中造成的缓慢变化之一，虽然这些变化有其基本特性，却仍在神不知鬼不觉的状态下出现了。患者完全忘记了他的真实感受是什么，他真正喜欢、排斥和相信的又是什么——简言之，就是忘记了他的真实自我。若没有意识到这一点，他这辈子可能就在虚幻中过了。詹姆斯·马修·巴里（J.M.Barrie）的《汤米和格里泽尔》中的那个汤米的例子就比任何病历更好地描述了这一过程。当然了，若不是掉进了那个由无意识的借口和文饰作用组成的蜘蛛网里头，让依赖别人过日子成为可能，一个人是不会这么做的。患者觉得活着没意思，因为正在过日子的那个人并不是他自己；他不知道自己真正想要的是什么，因此无法做出任何决定；若困难越积越多，他可能就会被一种虚幻感——一种对于永远的虚幻状态的突出表现——吞噬。若要理解这种状态，我们必须认识到，包裹着内心世界的那条虚幻的面纱注定会延伸到外部世界中来。最近有位患者就简单描述了整个情景:“若不是因为现实，我早就好了。”

最后，虽然理想化的形象被创造出来是为了消除基本冲突，并且在有限的范围内成功做到了这一点，但与此同时它在患者的人格中制造了一种新的裂痕，这种新的裂痕就危险程度而言，几乎超过了最初的那一种。粗略地说，就是患者因为无法忍受那个真实的自己，便为自己搭建了一个自我的理想化的形象。这个形象显然与那个灾难性的真我相冲突，可他已经把自己偶像化了，也就越来越无法容忍那个真实的自己，于是开始极力与之斗争，开始鄙视自己，并在对自己提出的要求无法实现的重压下变得烦躁不安。然后他就在自我欣赏和自我鄙视之间，在他那个理想化的形象和他所鄙视的那个形象之间来回摇摆，总也找不到一个可以落脚的中间立场。

这样就在强迫性的、冲突性的尝试和因心神不宁所导致的某种内心的专断之间制造出了一种新的冲突。他对这种内心专断的反应，就和一个人对类似的政治独裁的反应一样：他可能会认同这种专断，也就是说，觉得自己就跟独裁者嘴里说的一样，是那么棒，那么完美；要么他就踮起脚尖，竭力达到它的要求；他还有可能会反对这种专断，拒绝接受强加给他的义务。若他的反应是第一种，他给我们的印象就是一个“自恋”的个体，几乎受不了任何的批评，也不会有意识地感觉到现有的裂痕。若他的反应是第二种，我们就会说他是一个完美主义者，也就是弗洛伊德所说的“超级自我”型的人。如果他的反应是第三种，我们就会觉得他好像对任何人或者任何事情都不负责任；他想让自己变成一个古怪、没有责任感、对一切充满怀疑的人。我有意提到了“印象”和“好像”这两个词，因为无论他的反应如何，从根本上说他都会继续烦躁不安下去。甚至一个通常认为自己是“自由”的人，也会不得已在他试图推翻的强迫性的标准下辛苦劳作，虽然他仍受制于他的理想化的形象这个事实可能表明，在他的左右摇摆中，他只是在用这些标准严格要求别人。有时，患者会从这个极端摇摆到那个极端。比如，他可能这段时间想变得无比“善良”，但没有从中得到什么安慰，于是摇摆到了另一个极端，竭力反对这些“与人为善”的标准。或者，他可能会从一种显而易见的无限自我崇拜转为追求完美。我们看到更多的是这些不同态度的结合。所有的这一切都指向了下面这个事实——用我们的理论不难理解这个事实——没有一种尝试是令他满意的，它们注定要失败。我们必须把它们视作患者为了摆脱某种令他无法忍受的处境而做出的拼死努力，而在任何别的令他无法忍受的处境中，连最不寻常的手段都被他用上了——这种不行，就换一种。

所有的这些结果组合在一起构建了一个阻止真正发展的巨大障碍。患者无法从自身错误中吸取教训，因为他看不到它们。虽然他自称取得了不错的成绩，其实他对个人发展没什么兴趣。他提到个人发展时，其实无意识中想的是创造一个完美的理想化的形象，一个没有任何缺点的形象。

因此，治疗的任务就是使患者意识到他那个理想化的形象的所有细节，帮助他慢慢理解它的所有作用和主观价值，并让他看到它必然会给他带去痛苦。然后，他就会开始想这么做是不是代价太高了。但只有在他创造它的需要大幅降低时，他才能放弃它。

第七章　外化

我们已经看到，神经症患者采取种种自欺欺人的做法，想弥补真实的自我与理想化的形象之间的差距，结果却扩大了。然而，因为这个理想化的形象具有巨大的主观价值，他就不得不持续不断地竭力与之达成和解。达成和解的方式多种多样。多数方式我们将在下一章中讨论。我们在此章中只讨论一种不太为人所知的方式，然而，这种方式对神经症的结构有着特别深刻的影响。

我把这种尝试称为“外化”，是在描述内心种种体验的倾向，就好像这些体验发生在体外，并且一般来说，患者误认为正是这些外界因素造成了自己的麻烦。它和“理想化自我”有着同样的目的，都是逃避真实的自我。不过，修饰、重新创造真实人格的过程一贯发生在自我的范围的之内，而外化则意味着完全放弃自我。简单来说，就是一个人能够通过“理想化自我”的手段避开基本冲突，不过当真实的自我与理想化的自我的差距所造成的紧张大到让他无法承受的程度时，他就不能再依赖内心的手段了。这个时候，他唯一能做的就是完全逃避自我，将一切视为外在的东西。

这个过程中出现的某些现象可以用“投射”这个词来概述，意思是将个人的麻烦对象化。一般来说，投射意味着“嫁祸于人”，也就是一个人身上有某些自己不喜欢、想要丢掉的倾向或者特性，却把造成这些倾向或者特性的原因转嫁到别人身上，比如背叛、野心、控制、自大、卑微等倾向。在这个意义上讲，这个词用得再恰当不过。然而，外化是一种更为复杂的现象，转嫁责任只是其中的一个方面。他不但会把自己的过错推到别人身上，更会在不同程度上把所有的感觉推到别人身上。一个有外化倾向的人，看到弱小国家受欺凌、受压迫，内心可能会深感不安，却感觉不到自己同样在忍受深重的压迫。他可能感觉不到自己的绝望，却能深深地感受到别人的绝望。在这一点上尤为重要的是，他并没有意识到自己对别人的态度；比如，他生自己的气时会感觉到别人正在生他的气。或者他能意识到自己对别人的怒气，其实他只是在生自己的气。还有，他不但会把自己的烦恼，更会把自己好心情或者成就归结为外在的因素。他失败了，会认为这是命运使然；成功了，只是因为自己撞上了好运气；心情好是因为天气好等等。

当一个人认为自己的命运是由别人决定时，可以想见，他就会想方设法改变他们、改造他们、惩罚他们、保护自己不受他们的干涉或者影响他们。这样的话，外化就会让一个人依赖别人——然而这种依赖和神经症患者出于对关爱的需要而创造的那种依赖很不一样。它还会让一个人过度依赖外界因素。无论这个人住在城里还是乡下，无论保持的是何种饮食习惯，无论睡早还是睡迟，无论所在的是哪个委员会，这种依赖都具有极为重要的作用。于是，他就有了荣格所说的“外倾”的特点。但荣格将外倾视为某种固有倾向的不均衡发展，我却将其视为患者试图通过外化手段消除尚未解决的冲突的结果。

外化还会不可避免地持续产生一种空虚感和浅陋感。这种感觉又一次被摆错了位置。患者感觉到的并非心灵上的空虚，而是肠胃的空虚，于是逼迫自己吃东西，想消除这种感觉。他要么担心自己体重太轻，像根羽毛那样被吹来吹去——会感觉自己被风暴卷走。他甚至会认为，如果精神分析医生把他一切进行分析，他就会变成一个虚壳。外化得越彻底，神经症患者就越觉得自己像鬼魂那样游荡在人世间。

这个过程中就牵涉到了这么多的东西。我们现在来看一下它是如何帮助缓解真实的自我与理想化的形象之间的冲突的。无论一个人有意识地把自己看作什么，两者间的差别在无意识中都会造成一定的损害；他越是把自己视为那个理想化的形象，他的反应的无意识的程度就越深沉。多数情况下，他的反应为鄙视自己，生自己的气，觉得受了威胁，这些反应不但能让他感到极为痛苦，更能以不同的方式剥夺他的生存能力。

自我鄙视的外化的表现形式可以是鄙视别人，也可以是感到被别人鄙视了。通常来讲，两种形式同时出现；至于哪种占据主导地位，或者说哪种更有意识，要取决于神经症的整个人格构成形式。一个人越有攻击性，就越觉得自己是对的，越觉得高人一等，越想鄙视别人，越觉得别人不可能鄙视自己。反过来说，一个人越顺从，对于没有达到心目中那个理想化的形象的自责就越让他觉得别人不喜欢他。后面这种所造成的后果特别严重。它会让一个人变得怯懦、做作、沉默寡言。它还会让一个人变得过度感恩——当然是那种奴性的感恩——别人稍微对他好一点或者说两句欣赏他的话，他就会变成这副贱样。同时，他甚至连真诚的友谊都不能接受，而是把它视为某种自己不配得到的施舍物。面对自大傲慢的人，他完全无法保护自己，因为他自身的某些特性和他们是一样的，他觉得自己被别人鄙视是完全合乎情理的。这些反应当然会让他心生愤恨，愤恨受到压抑，积累到一定程度，就会孕育出破坏性的力量。

尽管如此，通过外化的形式所感受到的自我鄙视却具有一种非常明显的主观价值。感受对自己的一切鄙视能够打破神经症患者可能拥有的盲目自信，将其带到崩溃的边缘。受人鄙视让人痛苦，但总有希望改变别人对自己的看法，或者有希望以德报怨，在心里默默保留别人对自己不公的看法。当一个人鄙视的对象是自己时，这一切就丧失了作用。他没有了倾诉的途径。神经症患者在无意识中感受到的对自己的所有绝望都会让他感到一种明显的宽慰。他不但会开始鄙视自己的软弱，更会觉得自己一无是处。这样就连他那些好的品质都会被他拽入绝望的深渊。换句话说，他会觉得他成了自己鄙视的那个形象，这辈子就这样了，再也无力改变。在诊治的过程中，这一点让精神分析医生明白，只有在患者的绝望感彻底消失，并且对理想化的形象的紧扼程度大幅减轻时，才能触及自我鄙视这个话题。只有在那个时候患者才有可能面对这个问题，认识到自己的一无是处其实并不是一个客观事实，而是因为他对自己的苛刻要求所引发出的一种主观感受。等他对自己不再那么严酷了，就会慢慢看到他的情况并非不可改变，他所深恶痛绝的自己的那些特性并不是真的那么令人讨厌，而是一些他最终能够克服的困难。

神经症患者维持这种“他就是他那个理想化的形象”的幻觉对他而言有着无比重要的作用，我们只有时刻谨记这一点，才能明白他为什么那么生自己的气或者这种行为本身所揭示出的重要性。他无法成为他那个理想化的形象，不但为此感到绝望，更对自己大动肝火，究其原因，只是他把他那个理想化的形象看得过重了，一直觉得它无所不能。无论他小时候碰到过多么大的无法逾越的障碍，自认为无所不能的他本可以把它们统统克服掉的。就算他认识到了他的神经症给他造成了莫大的痛苦，可依然会因为无力驱散它们而感到一种虚弱的愤怒。这种愤怒会在他面对彼此冲突的内驱力，并且意识到甚至自己都无力维持相互对立的目标时达到一个顶点。这就是他突然意识到某种冲突时陷入慌乱的原因之一。

对自己大动肝火有三种主要的外化形式。毫无节制的大发怒气，愤怒会很轻易发泄到外面。愤怒发泄到别人身上，要么表现为普通的恼怒，要么表现为某种特定的恼怒，直接针对的是别人身上的某些毛病，而这些毛病正是他自己具备，又是他极度厌恶的。举了例子说一下就很清楚这一点了。一位患者抱怨自己的丈夫优柔寡断。其实她的丈夫只是在一件小事上一时间拿不定主意，然而她的怒气显然出格了。我知道她本人也有临事优柔寡断的毛病，便暗示她，其实这表明她极度憎恨自己身上的这种毛病。听我这么说，她马上暴怒起来，真想把自己撕成碎片。事实上，她在她那个理想化的形象中是一座坚固的堡垒，这让她无法容忍自己身上的任何弱点。虽然她的这种反应极具戏剧性，然而在下次与我会谈时，她竟完全忘记了这件事，这便是这类神经症患者的一个典型特征。她在瞬乎之间看到了外化的表现形式，却还没有做好放弃它的准备。

第二种形式表现为对于自己身上无法忍受的毛病可能会触怒别人的一种持续不断的有意识或者无意识的担忧或者期待。一个人可能会确定无疑地认为，他自己的某些行为或许会招致别人深深的不满，如果对方没有恶语相向，他真的就会感到困惑不解。比如，一位患者的理想化的形象中包含着成为雨果的《悲惨世界》中的那位心地无比善良的牧师的几分渴望，每当她固守立场或者表露愤怒时，总会很吃惊地发现，人们更喜欢的是她这个人，而不是她表现出的圣洁行为。我们可以从这种理想化的形象中猜出，这位患者身上居于主导地位的倾向是屈从。这种倾向源于她亲近别人的需要，又被她对别人恶语相向的渴望大大增强了。增强的屈从其实是这种外化表现形式的一个主要结果，表明各类神经症冲突是如何在恶性循环中彼此增强的。强迫性的屈从之所以被增强，是因为这个理想化的形象（包含了几分做圣人的渴望）驱使着她在更大的程度上轻视自己。然后，由此而生的恶意的冲动会激起她对自己的愤怒。而她的愤怒的外化表现形式会让别人感到更为恐惧，反过来增强了她的屈从倾向。

外化愤怒的第三种表现形式是专注于身体上的不适。一个人对自己大动肝火，而以前又从来没这么做过，显然会造成身体上的极度紧张，可能表现为慢性肠胃病、头痛、疲劳等。具有启示意义的是，当一个人能够有意识地感受到自己的愤怒时，这些症候就像闪电一样迅速消失了。无论他把身体上的这些表现看作外化倾向，还是仅仅把它们视为因为被压抑的愤怒所导致的生理上的后果，都有可能让自己陷入麻烦。但是我们几乎无法把这些表现与患者对它们的利用区分开来。通常来说，患者迫不及待地要把他们心理问题归结为身体上的不适，而身体上的不适反过来增加了他们的烦恼。他们想要证明自己心理上没有任何问题，只是因为饮食不当才让胃肠出了毛病，或者工作过于辛苦造成了劳累，或者潮湿的气候造成了风湿等等。

说到神经症患者将愤怒外化有什么样的作用，其实它的作用和自我鄙视是一样的。然而，还有一点需要引起注意。我们只有认识到了这些自毁的冲动所造成的真正的危险，才能完全弄懂这类患者的病情的严重程度。我在第一个例子中提到，那位女患者只是在一瞬间生出一种想把自己撕成碎片的冲动，但精神病患者真的会一直冲动下去，想用刀子把自己砍伤。若不是外化在起作用，很多患者就会走上自杀这条路。不难理解，弗洛伊德意识到了这种自毁的冲动，便宣称发现了一种自毁的本能（死亡本能）——虽然这个概念阻碍了他对自毁的真正理解，让他没有找到有效的治疗办法。

内心压迫感的强度取决于理想化形象的专制对人格的压制程度。高估这种压制的程度合情合理。内心受到的压制比外在的压制更厉害，因为后者允许心中保留一定的自由。多数患者意识不到这种感觉，然而我们可以从这种感觉被移除之后、患者重获内心的自由那一刻所获得的宽慰中判断出它的巨大力量。一方面，内心的压抑可以通过将压力转移到别人身上获得释放。这种做法也能获得同神经症患者对控制别人的渴望一样的外部效果，但是，虽然两者可能会同时出现，在所受到的压抑上是有分别的，将内心所受的压抑外化的主要目的并不是要求别人服从自己。它的主要目的是把患者自己所厌恶的那些标准强加到别人身上——根本不关心对方是否快乐。众所周知，清教徒的心理就是这种行为的具体体现。

同等重要的是，将内心所受的压抑外化会让一个人对外界的任何事物变得极度敏感，哪怕是那些和压制几乎没有任何关联的事物。正如每一个观察家所获知的那样，这样的极度敏感是很常见的。它并非全部源于自我压抑。通常来讲，它包含着一种想要强迫别人做事却又憎恨自己的这种想法的意味。在孤立型的人格中，我们通常认为，患者强迫自己独立会让他们对来自外界的任何压力敏感。将一种无意识的自我压抑通过外化的形式发泄出来是一种更为隐蔽的做法，在精神分析的过程中更容易被忽略。这一点让人感到特别遗憾，因为在患者和精神分析医生之间的关系中通常包含着一种有影响力的潜流。看病过程中，就算医生给患者分析了他的敏感症的某些更加明显的根源，可是在面对医生提供的种种建议时，患者仍会置之不理。一场破坏性的战争在看病这件事中登场，考虑到医生真的想让患者身上发生一些改变，这场战争会更具破坏性。医生坦诚地告诉患者想帮助他放松、缓解内心的压力，结果却白费劲。难道患者就不会受到医生无意中施加的某些影响吗？事实上，因为他不知道自己“到底”是谁，也就不可能做出接受或者拒绝的选择了，医生再怎么苦口婆心地劝他，帮他解压，也都无济于事。另外，因为他并不知道自己正在某种特定的内心压抑模式下受苦，就只能毫无差别地对来自外界的想要改变他的企图一概持排斥态度。毋庸置疑的是，这种战争不但会出现在精神分析的过程中，更会或多或少地出现在任何的人类亲密关系中。只有深刻分析了患者的这种内心活动，才能最终将他“心中的那个鬼”赶走。

让事情变复杂的是，一个人越是屈从于他的理想化的形象的苛刻要求，就越会把这种屈从外化。在这一点上，他渴望达到精神分析医生或者任何人的要求——希望他变成的那个样子，或者他觉得他们希望他变成的那个样子。他可能会露出一副屈服的模样，甚至会露出一副极易上当受骗的样子，但与此同时，他会在心里偷偷地积累对这种“压迫”的愤恨。结果就是，他可能会觉得每一个人都在控制他，从而变得憎恨一切事物。

那么，一个人将这种内心的压抑外化又有什么作用？只要他觉得这种压力源自外界，就会极力反对它，哪怕只是用内心保留的方式。同样的道理，外界强加的某种限制也能被避免；一种自由的幻觉得以维持。但更为重要的是我上面提到的那一点：承认内心的压抑就相当于承认他并不是他的理想化的形象，所有的麻烦就是这么来的。

一个有趣的问题是：这种内力的压抑是否能在生理症状中表现出来以及能在何种程度上表现出来。我个人认为，它是哮喘、高血压和便秘的一个促成因素，但我在这方面的经验有限。

我们仍需讨论与一个人的理想化的形象相对立的各类特性

的外化。总的来说，这一点是由简单的投射造成的——即认识别人身上的这些特性，或者把自己身上的这些特征说成是别人造成的。两种方式并不一定同时上场。在下面这几个例子中，我们可能需要重复已经说过的一些话和其他的一些众所周知的东西，然而这有助于我们更深地理解投射的含义。

患者A酗酒成性，抱怨情人对自己关心不够。据我观察，他的这种抱怨没有理由，至少不像他说的那么严重。外人一眼就能看出来，他因为内心的冲突吃了不少苦头，他一方面有屈从的倾向，脾气好，为人大方，另一方面喜欢控制别人，爱向人家提各种无理要求，高傲又自大。我们这里说到的就是一种攻击性的倾向的投射。但是什么因素让这种投射变成了一种必需的手段呢？原来在他的理想化的形象中，攻击性的倾向只是强势人格的一个固有组成部分。然而，具有主导地位的特性是善意——他认为，自从圣弗朗索瓦以来就没有出现过像他这么善良的人，也没有出现过像他这么理想的朋友。那么，这种投射是不是对他的理想化的形象的一种“贿赂”？当然是啦！但它也能让他在没有意识到他那些攻击性的冲突的前提下去施行它们，从而勇于面对它们。这样的一个人就陷入了一种进退两难的境地。他无法放弃他的攻击性的倾向，因为它们是强迫性的。他又无法放弃他的理想化的形象，因为一旦失去了它，他的整个人就会崩溃。而此时投射就为这种进退两难的境地提供了一种出路。它代表的是一种“无意识的二重性”：既能让他对别人提出他那所有的傲慢自大的要求，又能让他做别人的理想的朋友。

这位患者又怀疑女人对他不忠。然而他的这种怀疑没有任何根据——女人其实很爱他，像母亲爱自己的孩子那样爱他。事实上，他和别人搞过一夜情，却没有告诉她。说到这里，一个人也许会想他的担心源于他对别人的判断。他当然需要证明自己并不是那么朝三暮四的人了。考虑到此人可能存在的同性恋倾向无助于澄清问题。线索潜藏在他对自己不忠所持的特殊态度中。他没有忘掉自己的风流韵事，只是事后没有留下什么特别的印象。它们不再是一种生动活泼的体验。然而，他对女人不忠的没有任何根据的指控却是活生生的。这里涉及到的是一种体验的外化。它的作用和我上面提到的那个例子一样：既允许他保持他的理想化的形象，又可以让他为所欲为。

另一个例子是政治团体和职业团体内部的钩心斗角。玩弄权术通常源于有意识地削弱对手的权力，巩固自己的政治地盘，但也可能源于我上面提到过的那种无意识的进退两难的境地。若是后者，就将是一种无意识的二重性的表现。它能让一个人在不损害其理想化的形象的前提下运用一切手腕和阴谋诡计攻击对方，同时可以为他提供一种巧妙的方式，将所有的怒气和鄙夷发泄到另外一个人身上——最好发泄到他最想击败的那个人身上。

在这里我想提一个很常见的做法来结束这个话题——既把

责任转移到了别人身上，又不会把自己的麻烦推给人家。很多患者一旦意识到了自身存在的问题，马上就会把罪责推给自己的童年，所有的解释都源于这一点。他们会说对压制敏感，因为他们有一位独断专行的母亲。他们容易受羞辱，因为小时候有过这种经历；他们喜欢报复别人，因为小时候受过伤害；他们不爱说话，因为小时候没人理解他们；他们的性爱生活一片空白，因为小时候接受的是清教徒式的教育等等。我在这里说的并不是精神分析医生和患者共同严肃探讨后者童年时的影响的那些交谈，而是一种探究患者童年经历的过度渴望，这种渴望注定一无所获，只会让医生和患者一遍又一遍地说废话，还会让双方在很大程度上失去探索目前作用于患者身上的各种支配力的兴趣。

因为弗洛伊德过于强调遗传的作用，对此观点持支持态度，那就让我们仔细看一下这个观点对的地方在哪里，错的地方又在哪里。的确，患者的神经症的发展源于童年，他能提供的一切信息都跟理解这种特殊的已经出现的病症的发展有关。但他并不需要为他的神经症负责，这也是正确的。环境的影响让他不由自主地患上了这种病。鉴于稍后讨论的种种理由，精神分析医生必须很清楚地向患者说明这一点。

错误在于患者对童年时在其心中逐步形成的各种支配力缺乏兴趣。然而，这些支配力如今正在他的身上发挥作用，就隐藏在他当前的各种麻烦后面。比如，他小时候在周围见过太多的伪善，可能会让他现在对世间的一切充满怀疑。不过，若他把他的怀疑态度只归罪为童年时的经历，就忽略了目前他对这种态度的需要——一种源于被数种理想撕扯的需要，为了解决这种冲突，他就只能把所有的价值观扔掉。另外，在不需要他负责任的时候，他却非这么干不可；在需要他负起责任的时候，他却当了逃兵。他总把童年经历做挡箭牌，为的是让他一再相信，他之所以在有些事情上注定会失败，就是因为这一点，与此同时，他渴望从童年时遭受的莫大伤痛中完好无损地走出来——就像一株洁白的百合一尘不染地从肮脏的沼泽地中生长出来一样。造成这种结果的部分原因就是他那个理想化的形象，因为正是它让他无法接受一个有瑕疵的自己，接受一个过去或者当前存在冲突的自己。但更重要的是，他总在不厌其烦地谈论童年经历，其实就是一种自我逃避，这让他依然可以保持一种渴望自省的幻觉。他把他身上所有的支配力都外化了，也就无法体验到它们，无法将自己看作生命中的一个积极主动的人。他没有了那股冲劲儿，只把自己看成一个球，一旦被人家从山上扔了下去，就只能不停朝下滚，或者把自己看作一个实验品，一旦被设定好了条件，这辈子就再也无法改变。

患者片面强调童年时的经历是外化倾向的一种确切无疑的表现，每当我碰到这种态度，总会想到患者是一个彻底疏远自己并且在外力的驱使下仍在疏远自己的人。迄今为止，我在这件事的判断上还没有出过错。

外化倾向也在梦中发挥着作用。精神分析医生在患者梦中以监狱长的形象出现，做梦者梦到丈夫当着自己的面猛地把门关上不让自己进去，患者在走向某个梦想中的目的地的途中发生了什么不测事件或者出现了什么障碍，所有的这些梦都是患者否认内心冲突、将其归罪为外界因素的一种尝试。

患者的外化倾向让精神分析诊治变得特别困难。他就像去看牙医那样来向精神分析医生求助，希望医生的诊治活动和自己完全无关。他感兴趣的是妻子、朋友或者兄弟的神经症，而不是自己的病症。他大谈特谈生活的艰辛，却不愿说生活的艰难是否与自己有关。若妻子的神经症没那么严重，他自己的工作没那么差劲，他就一点事也没有了。在相当长的一段时间里，他都没有意识到是否有什么情感上的因素正在他的身上发挥作用；他怕鬼、怕贼、怕打雷、怕自己周围那些有报复心的人、怕政治环境，却绝不害怕自己。他对他的问题感兴趣，至多出于思维上或者艺术上的乐趣。不过，恕我直言，只要他还是一个没有精神的躯壳，就不可能洞悉自己的真实生活，这样的话，虽然他对自我有了更多的理解，却仍然无法为自己带去任何的改变。

所以，从本质上讲，外化就是一种“消灭自己”的积极的手段。外化之所以能够实现，就在于神经症发展过程中所固有的患者对自己的疏离。自我消失了，内心的冲突自然也就意识不到了。但是，外化让患者变得更爱责备别人、报复别人、害怕别人，结果让外在的冲突取代了内心的冲突。说得更确切些，就是外化大大加剧了最初促使整个神经症过程发展的冲突：也就是个人与外部世界之间的冲突。

第八章　虚假和谐的辅助手段

一种常见的情况是：第一个谎言往往导致第二个谎言，第二个谎言需要第三个谎言加以支撑，如此下去，直到一个人被困在一张由谎言编织的混乱的网中再也逃不出来。无论是一个人还是一个群体，一旦缺少了一种刨根问底的决心，其生活中注定会出现这种情况。这种手段可能会有一些帮助，却会引出新的问题，转而需要新的替代手段。神经症患者试图解决自身的基本冲突时面对的就是这种情况，在这件事上，以及在其他的任何一件事上，只有深度改变问题的源头才能起到效果，别的手段一概无用。然而，神经症患者做的——不由自主地做的——却是将一个又一个的虚假解决手段堆积在一起。正如我们看到的，他可能会试着让冲突的某一个方面占据主导地位。他永远会让自己保持一种四分五裂的状态。他可能会采取一些极端的手段，让自己完全避开别人；不过，虽然这样能让冲突失去作用，但他的整个生命也被置于了一种不稳定的基础之上。他创造了一个理想化的自我，这个自我看起来意气风发、和谐统一，却也制造了一种新的裂痕。他妄图在激烈的内心斗争中消除自我，以达到去除这道裂痕的目的，结果却发现自己又陷入了一种更加无法忍受的境地。

这种平衡的状态这么不稳固，得用更多的手段加以支撑才行。于是他就把一系列的无意识的手段统统尝试了一遍，这些手段包括视而不见、隔离、文饰作用、过度的自我控制、自以为是、躲避以及愤世嫉俗。我们无意一一讨论这些现象——工作量太大——只想说说患者在应对个人冲突时是如何运用它们的。

神经症患者的实际行为与理想化的自我之间的差距是那么明显，让人不由得纳闷他怎么会看不到。他不但看不到这个，更对摆在他面前的矛盾视而不见。对如此明显的矛盾的这种视而不见，是最先将我的注意力吸引到冲突的存在以及冲突的矛盾之间的联系上的因素之一。比如，我的一位患者具有屈从型倾向的一切特征，觉得自己像耶稣，曾用十分随便的口气对我说，在员工大会上他常常用手当手枪，一个挨一个地“毙掉”他的那些同事。这种促成想象中的杀戮的毁灭性的渴望的确是在无意识中出现的，但我在这里想要指出的是，被他说成“闹着玩”的这种射杀行为一点都没有损害他的基督形象。

还有一位患者，是位科学家，觉得自己把整个身心都投入到了科学事业之中，在自己的研究领域内是个革新者，发表作品纯粹凭靠一时的冲动，发表的都是他觉得会为他带来最多赞许的东西。他无意掩盖自己的这种念头——只是像上面那个人那样，根本没有意识到这件事中涉及到的矛盾。同样的道理，一个在自己的理想化的形象中善良又直率的人，觉得骗一个姑娘的钱给另外一个姑娘花也没有不妥之处。

显而易见，在每一个例子中，视而不见的作用就是让患者不要意识到自身存在的潜在冲突。令人惊叹的是，他们都做到了这一点，并且更让人大呼吃惊的是，他们不但聪明，更懂得心理学的知识。不喜欢看的东西故意不去看，这显然不足以解释其中的缘由。我们还应知道，我们掩盖事物的程度取决于我们做这件事的兴趣。总之，这种虚假的视而不见一针见血地表明了我们对认识自身冲突的厌恶程度有多深。但现在面临的真正问题是：我们如何回避上面提到的那些显而易见的矛盾。事实是，缺少了某些特殊的条件，这件事就不可能做成。其中的一个条件是对我们的情感体验完全不去理睬。另一个斯特里克（Strecker）已经说过了，就是“隔离”式的生活。斯特里克也描述过视而不见法，而他对这种逻辑严密的隔离法有过如下表述：敌友各有隔间，家人、外人各有隔间，职场生活和私人生活各有隔间，地位平等的人和地位低下的人各有隔间。这样，在神经症患者看来，一个隔间内发生的事和另外一个隔间内发生的事完全没有冲突。只有在一个人由于冲突丧失了和谐一致感的情况下，这种生活方式才有可能实现。由此可见，隔离法既是患者不愿认知冲突所采取的一种手段，又是患者被冲突撕裂的一个结果。这种手段并非异于我们描述过的那种理想化形象的手段，两者所造成的结果都是一样的：矛盾依然存在，冲突却消失了。很难说清是这种理想化的形象导致了隔离的产生，还是隔离导致了这种理想化的形象的产生。然而，隔离式的生活看似更加重要，正是它造就了这种理想化的形象。

充分理解这种情况必须把文化的因素考虑进去。在一个组织严密的社会制度中，人在相当大的程度上已经变成了一个渺小的部分，对自己的孤立几乎已经变成了一种普遍存在的现象。人性的价值在陷落。我们所依存的文明中充满了无数突出的矛盾，对道德的普遍漠视已经出现。道德标准被随便处置，比如，一位虔诚的基督徒今天还是一位富有爱心的父亲，明天却成了一个黑帮分子，人们看到这种事再也不会感到吃惊。在我们周围真诚而和谐的人真的是太少了，这样我们的四分五裂、失魂落魄就没有了参照物。弗洛伊德在精神分析中弃掉了道德价值观这个因素——这是他将心理学视作自然科学的结果——从而让精神分析医生变得像患者一样盲目，根本看不到这些矛盾的存在。精神分析医生认为，在精神分析过程中引入道德价值或者对患者流露出任何的兴趣是一种“不科学”的做法。其实，对矛盾的接受并不一定局限于道德的范畴，也出现在很多的理论体系中。

文饰作用可以被看作用推理手段进行的自我欺骗。人们往往认为它主要用于自我证明或者让个人的动机和行为与公认的观念保持一致，其实这种看法只在一定程度上有效；其中潜藏的含义就是，每一个生活在文明中的人都会依据相同的准则进行合理化，不过，在合理化的内容和采用的方法上，人与人之间存在着很大的差异。若我们把文饰作用看作支持神经症患者试图制造虚假和谐的一种手段，就会发现这是很自然的一件事。在神经症患者围绕基本冲突所搭建起的防御平台的每一块厚木板上都可以看到这种手段在发挥作用。居于主导地位的态度因为推理变得更加顽固——让冲突可见的种种因素为了适应它的需要，要么被缩小，要么被改换了模样。我们将屈从型与攻击型做比，就会看到这种自我欺骗的推理是如何帮助患者粉饰其人格的。前者将乐于助人的愿望归为自己的同情心，虽然在帮助别人的过程中也暴露出了很强的控制倾向；若这些倾向暴露得过于明显，他就会将它们合理化为普通的愿望。而后者在帮助别人的时候则会竭力否认是什么同情心在发挥作用，他之所以要这么做，完全出于个人利益考虑。理想化的形象需要大量的文饰作用加以支撑：真实的自我与理想化的形象之间的差别必须被推理为并不存在。在外化的过程中，患者为了证明自己的情况与外部环境有关，或者个人无法接受的某些人格特性只是对他人行为的一种很“自然”的反应，就用到了这种推理手段。

过度的自我控制的倾向可以是非常强烈的，让我一度将其算入最基本的神经症倾向。它就像一座大坝，被用来抵御矛盾情感洪流的入侵。虽然刚开始的时候，它通常是一种有意识的意志行为，后来却往往变成有点习惯性的了。过度自我控制的人不允许自己被激情、性爱的快乐、自怜或者愤怒控制。在精神分析的过程中，这类人最难敞开心扉；情绪低落的时候，他们不会喝酒提神，宁可忍受痛苦，也不愿来上一针麻醉剂。简而言之，就是他们试图压制一切的自发性。这种特性在那些自身冲突有点外露的患者身上发展得最为猛烈，这些人没有采取有助于扼杀冲突的常用手段，没有让某种冲突的态度居于主导地位，也没有让自己变得足够孤立，从而让冲突失去作用。将这类人紧紧团结在一起的只是他们的理想化的形象，绑缚他们的力量在失去了建立和谐统一的内心的某种主要尝试的帮助时显然是不够的。这个理想化的形象在以一种矛盾因素组合体的形式出现时尤其显得不够用。然后，就需要患者有意识或者无意识地行使意志的力量把相互矛盾的各种冲力控制起来了。由于最具破坏力的冲力是那些因狂怒导致的暴力行为，最大的力气就耗费在了控制狂怒的情绪上。此时便开启了一种恶性循环，愤怒由于受到压抑，获得了爆炸性的力量，转而需要更强大的控制力将其杀死。若医生让患者注意到了他的过度自控，他就会向医生指出，对任何一个文明人来说，过度的自控都是一种美德，是必要的。他忽略的是他的自控行为的强迫性。他会用最僵死的方式行使自控力，若出于某种原因没有做到这一点马上就会陷入恐慌。他的恐慌可能表现为精神错乱，这清楚地表明了自控的作用就是抵御被撕裂的危险。

自以为是具有消除内心疑虑和外界影响的双重作用。疑虑和犹豫不决是造成冲突无法解决的两个不变的因素，积聚的巨大力量足以瘫痪一切行为。在这种情况下，一个人自然容易受到外界的影响。我们决定好了的事不愿更改，不过倘若我们一辈子都站在十字路口，不知道该走哪条路，外界的力量就会很容易成为我们的行为的决定因素，即便是暂时左右我们的行为。还有，犹豫不决不但在一个人可能的行动方向上发挥作用，更在怀疑自我、怀疑自我权利和怀疑自我价值上发挥作用。

所有的这些疑虑都损害了我们应付生活的能力。然而，显然并不是每一个人都无法忍受它们。一个人越是将生活视为一场残酷的战争，就越会将疑虑视为一个危险的弱点。他越孤立，越强调自立，对外界影响的敏感性就越会成为其心烦意乱的根源。我的所有的观察都指向了下面这个事实：居于主导地位的攻击性倾向和孤立性倾向的结合为自以为是提供了最肥沃的土壤；攻击性的倾向离表面越近，自以为是的程度就越严重。这个事实中包括了一种通过武断固执地宣称自己绝对是正确的来一劳永逸地解决冲突的尝试。在一个由合理性控制的精神系统中，情感被视为内心的叛徒，必须不断地加以压制。虽然这么做有可能获得内心的平静，但这种平静是坟墓一般的平静。正如我们预料的，这种人极其讨厌精神分析，因为精神分析可能会破坏他们的和谐统一的形象。

与自以为是几乎相反，却同样能够有效避免认知冲突的就是躲避。倾向于使用这种防护手段的患者和童话故事中那些一旦被追逐马上就会变成鱼儿的人物很像；若变成鱼儿还不安全，他们就变成鹿；若猎人追上了他们，他们就会变成鸟儿飞走。这种人说话时永远也不会被你抓住小辫子，说过的话要么不承认，要么就信誓旦旦地告诉你，其实他说并不是那个意思。他们有一种让人困惑的把水搅浑的能力。发生了什么事，让他们准确地描述一下，他们常常无法完成这个任务，就算是说了，到头来听者也会被搞得一头雾水，不知道他到底说了些什么。

他们的生活中存在着同样的困惑。他们一会儿像个大坏蛋，一会儿就对别人充满了怜悯；一会儿考虑事情过于周到，一会儿又不管不顾；在某些方面暴露出的是独断的暴君行径，在某些方面又畏首畏尾。他们先是渴望变成一个支配者的角色，而后想变成一块“门口的擦鞋垫”，最后又恢复到了原来的善变状态。他们伤害了某个人会沉浸在悔婚中不能自拔，想弥补过错，却又觉得这么干让自己看起来像个“傻蛋”，只好又一次粗暴地对待人家。在他眼中没有什么东西是很真实的。

精神分析医生面对这种人的时候可能会发现自己茫然不知所措，觉得拿这种人一点办法也没有。他错了。他们只是一些没有成功采用惯常的和谐统一办法的普遍患者：他们不但没有做到压抑自身的部分冲突，更没有创造一个属于自己的明确的理想化的形象。在某种程度上，我们可以说他们证明了这些尝试的价值。因为一个人只要这么做了，无论结果有多麻烦，在人格上都要比那些躲避型的人表现得更加组织有序，不至于像他们那样完全迷失了自我。另外，若精神分析医生考虑到冲突是可见的、无须去挖掘这个事实，从而认为自己所从事的是一项十分容易的工作，那他也错了。虽然他会发现自己极力反对患者不愿将任何问题讲清楚，但是若他不明白这是患者所采取一种防止他洞悉自己内心真实感受的手段，就会在诊治过程中败下阵来。

避免认知冲突的最后一种手段就是愤世嫉俗，即否认并嘲笑道德价值。对道德价值的根深蒂固的疑虑注定会在每一种神经症中暴露出来，无论患者多么固执地遵从其所接受的标准的某些特定的方面。愤世嫉俗的根源各不相同，但作用都是否认道德价值的存在，从而使患者无须弄清楚自己真正相信的是什么。

愤世嫉俗可以是有意识的，所以后来就成了阴谋家们一贯奉行并捍卫的行事准则。装模作样最重要。你想做什么就做什么，只要不被人抓住就行。每一个人不是天生的蠢货就是伪君子。这类患者无论在何种情况下都有可能对医生使用“道德”这个词敏感，就像弗洛伊德那个年代的人们对提及“性”这个字眼敏感一样。但愤世嫉俗也可以是无意识的，可以被患者通过口头承诺的方式隐藏起来，使之避免与普遍存在的观念形成对抗。虽然他可能并没有意识到愤世嫉俗对他的控制，但他的生活方式和他谈论自己生活的方式会暴露出他正是依照这个准则来行事的。他也有可能会在无意识中让自己卷入矛盾的漩涡，就像那类患者，一方面确信自己相信诚实和正派的存在，一方面又妒忌那些惯于装神弄鬼、招摇撞骗的家伙，恨自己为什么没有这个能力。在治疗的过程中，选择一个合适的时间点，让患者完全意识到他的愤世嫉俗并且帮助他理解这一点是很重要的，同时有必要向他解释，为何建立一套属于他自己的价值观是有益的。

以上就是围绕基本冲突的核心建立的几种防护性的手段。为了简明起见，我将整套的防护系统称为保护结构。每一种神经症中都混合了数种防御手段，通常情况下，这些手段都是同时出现的，虽然活跃程度各不相同。

第二部分

冲突得不到解决的后果

冲突

第九章　恐惧

在寻找每一个神经症问题的更深层次的含义时，我们会在一种复杂混乱的状态下丧失耐性。这不奇怪，因为我们不要盼着无须面对神经症的复杂性就可以理解它，虽然为了重获我们的洞察力不时闪到一旁是有益的。

我们已经一步步地了解了保护结构的发展过程。我们看到一种接一种的防御手段被堆积起来直到最后建立起一种相对静态的机制。在这个过程中，给我们印象最深的是患者投入的无限努力，这种努力实在巨大，让我们忍不住又一次想问，让一个人走上这条无比艰辛、需要付出无比高昂代价的道路的究竟是什么。我们问自己到底是什么让这种结构变得如此僵硬、如此难以改变。整个过程的动力难道仅仅是对基本冲突破坏性潜力的恐惧吗？说个比喻或许能为我们扫清认知障碍，找到问题的答案。像任何比喻一样，这个比喻也不是那么准确，因此只适应于最宽泛的意义。我们假定有这样一个人，过去不太光彩，通过坑蒙拐骗融入一个社区生活。他当然害怕自己那不光彩的过去被人家发现了。随着时间的流逝，他的境况慢慢好了起来，交了些朋友，找到了一份稳定的工作，还建立了家庭。他很喜欢自己现在的身份，却又萌生了一种新的恐惧——丢掉这些美好的东西的恐惧。他为自己的身份而骄傲，这让他主动与自己那灰色的过去划清界限。为了抹掉过去，他将大量的金钱投入慈善事业，甚至也给了以前的伙计不少的钱。与此同时，他的人格中正在发生的一些变化继续让他卷入了新的冲突，结果他在错误的前提下所建立的这种新的生活只是变成了一股涌动在他的纷乱情绪之下的潜流。

因此在神经症患者建立的这种机制中，基本冲突仍然存在，只是变得安静了。冲突在某些方面变得很温和，却在某些方面变得十分强烈。然而，由于这个过程中所固有的那种恶性循环，接下来的冲突变得更加激烈。让冲突变尖锐的最重要的因素是下面这个事实：每一种新的防御手段，也就是我们已经知道的孕育冲突的土壤，让他同自己以及别人的关系变得更加恶劣了。更糟糕的是，当包裹在幻觉中的新的因素——爱或者成功，获得的孤立或者创造的某个理想化的形象——开始在他的生命中发挥重要作用时，一种对于改变的恐惧就产生了，生怕某种东西会毁坏他的这些宝贝。与此同时，他那变得强烈的自我疏离感越来越剥夺了他的自我影响的能力，让他无法摆脱自身的困境。此时，惰性登场，取代了定向发展的位置。

保护结构虽无比僵硬，却易碎，并且会孕育新的恐惧，其中一类便是对于平衡被打破的恐惧。此结构虽能让患者感到平衡，但这种感情会轻易转变为沮丧。患者本人虽意识不到此种威胁，却可以通过多种方式感觉到它。经历使他明白，他会因为某种说不清、道不明的理由失去正常的心理状态，变得愤怒、自傲、忧郁、疲惫或者压抑，而这既不是他所期待的，又不是他所渴望的。此种体验叠加到一起，会让他有一种犹豫不决的感觉，一种无法依靠自己的感觉，一种如履薄冰的感觉。他的这种失衡状态也会在他走路的姿势，站立的姿态或者某些需要展示身体上的平衡能力、他却缺乏相应技巧的事情中显露出来。

此种恐惧最实在的表现形式便是对发疯的恐惧。疯狂积累到某种明显的程度，病症就表现得确切无疑了，此时他会想到去看医生。在此类事件中，恐惧也被一种做一切“疯狂”的事的被抑制的冲动决定，大体上讲，这种冲动具有破坏性，但患者觉得无须为自己的疯狂举动负责。然而，发疯的恐惧并不意味着患者真的会发疯。这种情绪往往是暂时的，并且只有在真的被压抑的情况下才会出现。因恐惧引发的狂怒是对他的理想化的形象的一种突然性的威胁，也可以说是一种加剧性的紧张——多数情况下由于无意识的愤怒所致——会让过度的自控陷入危险之中。比如，有这样的一位女士，自认为性情温和、勇敢无畏，却在一次陷入困境时变得惊慌失措，一种绝望感、恐惧感和暴怒感紧紧地扼住了她。此前她那个用钢绳把她捆绑住的理想化的形象，此刻却突然坍塌了，让她感觉到自己就要被撕成碎片。我们之前提过，一个孤立的人从自己的庇护所里被拖出来、与别人建立亲近关系时——比如参军或者与亲戚同住——会感到慌乱。这种恐惧也可以被视为一种发疯的恐惧，在这种情况下，患者可能真的会去向医生求助。在精神分析的诊疗过程中，此前在相当大的程度上为自己制造了虚假和谐景象的患者，在突然意识到其实自己的内心正处于分裂状态时，类似的恐惧就会出现。

这种主要由无意识的愤怒所引发的对发疯的恐惧已经在精神分析治疗的过程中得到了证明，在医生的帮助下，患者的恐惧慢慢消退，然而在其失控的情况下，残存的恐惧会表现为一种对侮辱别人、毒打别人，甚至是杀死别人的担忧。然后，患者对在睡梦中出现的，或者在酒精、麻醉、性交的快感的影响下所引发的暴力行为的恐惧就会出现。愤怒本身可以是有意识的，也可以在无意识中表现为极端的暴力性的冲动，虽然并未造成任何的实质性的后果。另一方面，它也可以是完全无意识的，在这种情况下，所有的患者感觉到的都是一种突然性的莫名的慌乱，同时出现的可能有流汗、眩晕或者对昏厥的恐惧——这表明了患者的一种潜在的恐惧，生怕暴力性的冲动会失去控制。当这种无意识的愤怒被外化时，患者可能会害怕雷暴、害怕鬼魂、害怕盗贼、害怕蛇等等——也就是害怕自身之外任何具有潜在破坏力的东西。

但发疯的恐惧毕竟相对稀有。它只是失衡恐惧的一种最明显的表现形式。这种恐惧通常以更为隐秘的方式发挥作用。它以模糊不定的形式出现，患者日常生活中出现的任何变动都会导致它的发生。易受这种恐惧影响的人，一想到旅行、搬家、换工作或者雇佣新的女用人等，都会感到深深的焦虑。只要有可能，他们就会想尽一切办法避免这类改变。它对患者平稳心态的威胁可能是导致其不愿接受精神分析诊疗的一个因素，特别是在他们已经找到了某种可以使他们表现得很好的方式的情况下。他们在讨论精神分析诊疗法的合理性时，会对那些乍一看上去十分合理的问题表现出担忧，比如精神分析疗法会毁掉他们婚姻吗？会让他们暂时无法工作吗？会让他们变得易怒吗？会干涉到他们的信仰吗？我们稍后会看到，这些问题的决定因素部分在于患者的绝望情绪，他觉得做任何的冒险都不值得。但是在他的担忧后面还隐藏着一种真正的恐慌：他一定要让医生向他保证，精神分析不会打破他内心的平衡状态。在这种情况下，我们可以有把握地判断，他的这种平衡是特别不稳固的，而且他绝对是一个不容易对付的患者。

那么，精神分析医生会给患者所要求的这种保证吗？不，不会给他。每一种精神分析疗法都会造成患者的暂时不适。然而，精神分析医生要做的就是挖掘出这些问题的根源，向患者解释他真正惧怕的是什么，并且告诉他虽然精神分析会造成他暂时的不适，却可以为他提供一个机会，让他获得一种更加稳固的内心的平衡状态。

产生于保护结构的另外一种恐惧是对暴露的恐惧。这种恐惧源于形成并维护此种结构的诸多虚假的理由。以后，我们在谈到因尚未解决的冲突所导致的道德的败坏时会详述这些虚假的理由。我们目前只需指出一点：神经症患者想以异于自己真实面目的形象示人，无论其展示的对象是自己还是别人——他想变得更和谐、更理性、更大方、更有力或者更冷酷。很难说清他更惧怕把他的真实形象暴露给自己，还是暴露给别人。在意识中，他更惧怕的是暴露给别人，他越是将他的恐惧外化，就越担心别人会发现他的真实面目。在这种情况下，他会说他对自己的看法无关紧要，发现了自身存在哪些错误，他会很容易地解决掉，只要别人不发现就行。事实并不是这个样子，但他的这种心态表明了他的有意识的想法以及他的恐惧的外化程度。

暴露恐惧可能表现为一种自己是一个喜欢吓唬别人的人的模糊感觉，也可能与患者的某些特征有关，而这些特征与他真正担心的某件事只存在细微的关联。他可能担心自己并不像别人想的那么聪明、有能力、有知识、有魅力，因此就把恐惧转移到了无法表现其人格的某些特征上面。这时候，患者会这样回忆：他十几岁的时候之所以能在班上“考第一”，完全是因为他那套吓唬人的本领。他每次换学校都会确信无疑地认为这次肯定会被别人发现自己这些不光彩的手段，甚至在他又夺得头名的时候，这种恐惧依然没有消失。他的感觉让他困惑不解，但他却不肯正视问题的根源。他无法审视自己的问题，因为他正在一条错误的道路上越走越远：他对暴露的恐惧和他的智力完全无关，只是被转移到了这个范围内。其实，这只与他那个在无意识中形成的虚假形象有关：一个根本不在乎分数的好学生，然而，事实上，他的心被一种超过别人的破坏性的需求紧紧遏制住了。这样这个例子就让我们对这个问题有了一个大体上的认识。对自己会成为一个喜欢吓唬别人的人的恐惧总与某种客观因素有关，但通常情况下并不是他所认为的那个。从症状上说，最明显的表现就是脸红或者对脸红的恐惧。由于患者担心被人发现的是一种无意识的虚伪，精神分析医生在诊治的过程中，在注意到了患者的这种暴露的恐惧之后，若还是试图寻找自认为患者羞于说出口或者正在隐藏的某些感受就犯了一个严重的错误。但患者可能并没有隐藏任何的东西。然后，他就会越来越担心他的身上肯定有某些他无意识中不愿暴露的特别坏的品质。这种情况会导致患者的自责式的自我检查，却根本起不到建设性的作用。他可能会更加详细地叙述他的性史或者暴力性的冲动。但是，只要精神分析医生没有意识到患者正被困在某种冲突之中，而他自己正在解决的只是冲突的一个方面，患者对暴露的恐惧就会依然存在。

对暴露的恐惧在任何场合下都可以被激发出来，在神经症患者看来，他这是在接受考验。可能的情况有：从事新的工作，结交新的朋友，进入新的学校，参加新的考试和社会活动，或者任何会让别人注意到他的表演行为，哪怕他只是在参加一次讨论会。患者在意识中所认为的那种对失败的恐惧往往与暴露有关，因此无法依靠成功缓解。他只会感觉到这次“蒙混过关”了，但下次怎么办？他若失败了，只会更加肯定地认为自己一直是一个爱吓唬别人的人，这次算是被抓了个正着。这种感觉的一个后果就是羞怯，特别是处在一种新的环境中时。还有一种是生怕被别人喜欢或者欣赏。他可能会有意无意地这样想：“他们现在是喜欢我，可一旦他们发现了我的真面目，对我就是另外一番看法了。”这种恐惧在精神分析诊治的过程中当然发挥着一定的作用，其显而易见的目的就是“发现”。

每一种新的恐惧都需要一套新的防护体系。这些被建立起来的、用于应对暴露恐惧的防护体系是相互对立的，并且取决于患者的整个人格结构。一方面，患者想要避免接受考验的任何场合，若不能避免，就要谨言慎行，进行自我控制，戴上一副无法刺穿的面具。另一方面，他在无意识中想做一个彻头彻尾的喜欢吓唬别人的人，这样就不惧怕被人发现自己的真面目了。后面这种态度并非孤军奋战：那些具有攻击性倾向、过着替代性生活的人也会大肆使用这种吓唬人的手段，将其视为一种影响他想要利用的那些人的方式；医生对他们的任何询问都会遭遇狡猾的反击。我在这里公开指的是那些有虐待倾向的人。我们稍后会看到这种特征是如何适应整个人格结构的。

回答完下面这两个问题，我们就能理解暴露恐惧：一个人惧怕被人揭露的是什么？若被揭露了，他惧怕的又是什么？第一个问题我们已经回答过了。回答第二个问题，我们需要探讨源于保护结构的另外一种恐惧：对被漠视、羞辱和嘲笑的恐惧。失衡的恐惧源于摇晃脆弱的保护结构，无意识的欺骗又孕育了暴露的恐惧，那么，羞辱的恐惧就源于受伤的自尊。在讨论别的问题的时候我们曾触及这个话题。理想化形象的创造和外化手段都是为修复受伤的自尊所做的尝试，但如我们所见，两者只是为自尊造成了更为深重的伤害。

在神经症的发展过程中，我们若能鸟瞰自尊的遭遇，就会看到两种上下摇动的过程。当真实的自尊的下落时，一种虚幻的傲气就会升起来——这种傲气源于自认为无比出色、争强好胜、独一无二、无所不能或者无所不知。在另一种上下摇动的过程中，我们发现，神经症患者把别人抬到了巨人的高度，却把真实的自我贬低为侏儒，从而在力量和分量上形成了鲜明对比。患者通过压抑、外化和理想化的手段大部分的真实的自我遮盖住了，再也看不到自己，他觉得自己就像一个影子，既没有任何的重量，也没有任何实质性的东西（其实并非如此）。与此同时，他对别人的需要和他对别人的恐惧，不但让他更加惧怕他们，更让他更加依赖他们。因此，他的重力中心就更多地依赖于别人而不是他自己了，而且把本属于自己的特权拱手让给了人家。这么做的后果是，他过于看重别人对他的评价，而他对自己的评价反倒失去了意义。这就赋予了别人的看法一种压倒性的力量。

上述过程加在一起导致神经症患者对被漠视、羞辱和嘲笑极为敏感。这些过程是每一种神经症的重要组成部分，因此患者在这方面高度敏感就是一种很常见的现象了。若我们能够意识到患者对于被漠视的这种恐惧的多重根源，就会发现消除甚至是消减这种恐惧都不是一件容易的事。它只能随着整个神经症的减轻而减轻。

从总体上看，这种恐惧的后果就是使神经症患者远离别人，并且使他憎恨他们。但更为重要的是它能使深受此种恐惧的困扰的人丧失做事的能力。他们不敢对别人有所期待，不敢为自己设定较高的目标。他们不敢靠近在某个方面看似比他们强的人；不敢表达自己的观点，哪怕他们说的真的很在理；不敢表现自己的创造力，哪怕他们真的具备这种能力；不敢让自己显得有魅力；不敢给别人留下深刻的印象或者获得更好的职位等。每当他们想朝着这些方面努力时，那种幽灵般的被嘲笑的恐惧就会绑缚住他们的手脚，让他们赶紧退回来，这样他们就只能沉默和尊严中寻求庇护了。

有一种恐惧比我们刚刚描述的那些更隐秘一些，可以被视为神经症发展过程中所有恐惧的凝缩版本。这就是对于自身改变的恐惧。面对自身的某些改变，患者会表现出两种极端的态度。他们要么会任凭整件事情变得朦胧不清，隐隐觉得在将来的某个时间，由于某个奇迹，改变会发生；要么就想着让改变赶紧到来，根本不太去想这种改变到底是什么。在第一种态度中，患者心怀某种保留，飞快地瞥一眼问题所在，或者承认自己是个软蛋就够了；一想到要做成某件事必须真正改变自己的态度，就会让他们震惊不已、焦虑不安。他们知道他们想的很有道理，却还是会在无意识中排斥这种想法。在第二种相反的态度中，患者会在无意识中假装自己有了一些改变。在某种程度上说，这种态度其实是一种渴望，源于患者无法容忍自己身上的任何缺点；但它同样由患者的那种无意识的无所不能的感觉——一种让麻烦消失麻烦就会乖乖消失的希望——决定。

改变的恐惧的背后隐藏着一种越变越糟糕的担忧——也就是丧失自己的理想化的形象，变成自己厌恶的那个形象，变得跟别人一样，或者在精神分析诊疗的过程中变成一个虚壳；他惧怕的是未知的东西，是丢掉好不容易才获得的安全手段和满足感，特别是他追求的那些有望解决问题的虚幻手段；最后是一种无法改变的恐惧——一种在我们讨论了神经症患者的绝望之后会有更深了解的恐惧。

所有的这些恐惧都源于尚未解决的冲突。不过，若想最终获得人格的和谐统一，我们就必须勇于面对它们，何况它们正是我们面对自己的障碍。它们始终是炼狱，我们要想获得最终的拯救就必须闯过这一关。

第十章　人格衰竭

思考冲突没有解决会造成什么样的后果，就好像进入一片看似广阔无垠、几乎没有开垦过的领地。我们先来讨论某些病症，比如抑郁、酗酒、癫痫、精神分裂症，或许就能靠近这片领地，从而希望可以更深地理解某些特殊的病症。不过，我更愿意站在一种大众化的旧有角度上去检视这件事，并且抛出下面这个问题：冲突没有解决，到底会对我们的精力、正直的品格或者幸福有什么样的影响？我这么做，是因为我认定如果不理解每种病症的基本人性，就掌握不了病症的意义。现在的医生给人看病有一个趋势，就是想用现成的理论上的东西往病症上套，其实理解了医生的工作，也就不会再觉得这么做有什么不正常的了。但这种做法就好比一位建筑师在盖大楼的时候先盖顶层再打地基，几乎不可能实现，更别提什么科学不科学了。

这个问题中的某些因素我们已经提过了，在这里详细地说一下就行了。其他的一些因素在前面的讨论中也暗示过，然而还有些因素要考虑到。我们要做的并不是让读者对冲突没有解决造成的伤害只有一个模糊的理解，而是清楚明了地描述它对患者的人格造成的巨大损害。

冲突不解决，首先就会造成精力的大量浪费，造成这种结果的因素不只有冲突本身，还有试着解决冲突时走的一些弯路。一个人，若从心底深处就分裂了，就永远无法集中全部的精力去做一件事，他能做的只是想追求两个或者更多个相互矛盾的目标。这就意味着他要么分散自己的精力，要么白白浪费精力。分散自己精力的人就像皮尔金特，他那个理想化的想象诱使他相信自己干什么都能干得很出色。说到这一点，我举个例子，有个女人，一直想成为理想的母亲、顶呱呱的厨子、女主人；想穿漂亮的衣服，成为社会和政界的重要人物；还想忠于丈夫，不时搞搞婚外情，做些有创造性的事。不用说，这根本不可能做到，到头来她干哪件事都干不成，她的精力——无论她有多高的天赋——会被白白浪费掉。

一种更常见的情况是连一个目标也追求不了，因为在追求的过程中，不相容的各种动机会推搡、阻碍对方。一个人想成为别人的良友，却又独断专行，喜欢发号施令，这样无论他朝这个方向如何努力，他的目标也不会实现。还有一个人想让孩子在社会中出人头地，他自己却热衷于追求权力，自以为是，这样这两者间就有冲突了。某人想写本书，脑袋却痛得快裂开了，要么就是有一种快要累死的感觉，这样在心里有话要说的时候却始终无法用顺畅的文字表达出来。在这个例子中发挥不良作用的又是他那个理想化的形象：他本是一个很聪明的人，可为什么奇妙的思想不能乖乖地从他的笔端流出来，就像从魔术师的帽子里跑出来的兔子那样呢？事情一旦做不成，他们就会冲着自己大发脾气。在开会的时候，某个人的想法真的很有价值，想在会上说说。他既想说得叫人连声叫好，别人跟他一比就黯然失色，又想让人家喜欢他，不让人家讨厌他，同时因为把他的自我鄙视外化了，又不想让人家笑话他。这样的结果就是他的脑子里乱成了一团麻，什么都想不起来了，想法本来很好，却无法从嘴里说出来。还有一个人，本可以成为一个很棒的组织者，却因为有虐待别人的倾向，周围的每一个人都讨厌他。这样的例子无须再说了，因为只要我们看看自己或者周围，就会发现很多这样的人。

缺乏明确的方向，纵然有这么多的坏处，却也有着一个明显的例外。有时候，神经症患者能表现出一种一心一意地追求目标的热情，让人觉得颇为奇怪，他可以牺牲一切，甚至可以连自尊都不要，去追求自己的事业；女人们可以为了爱情什么都不要；父母可以将整个身心都扑在孩子身上。这样的人会给我们留下一种全心全意做事的感觉。其实，我们早已知道，他们这是在追求一种似乎可以解决他们冲突的妄想。这种显而易见的一心一意只是一种绝望、拼命的表现，而不是内心和谐统一的标志。

耗费精力的不只是各种相互冲突的需要和冲动。保护结构中的另外一些因素也能造成这种后果。基本冲突的某些部分受到抑制会遮挡整个人格。遮挡的那部分依然活跃，足以发挥阻碍作用，却没有丝毫的建设性的作用。因此这种情况就造成了患者精力的浪费，而这部分精力本可以用来建立自信、协作或者良好的人际关系。我这里只提一个因素：自我孤立会剥夺了一个人的冲劲儿。作为员工，他依然可以做得很出色，在外界的压力下仍可以做出巨大的努力，不过，在需要自己独立做事的时候就不行了。这并不是说他在闲暇的时候不能做一些有创造性或者有乐趣的事，而只是说他所有的创造性的冲力都会白白被浪费掉。

通常来说，各种因素聚合到一起对一个人的人格造成了大范围分散性的压抑。理解并最终消除某种单一的压抑，通常情况下，我们必须一遍又一遍地记起它，从我们讨论过的所有方面去对付它。

精力被白白浪费，或者精力用错了地方，由三个主要病症引发，三个病症均源于尚未解决的冲突。一个病症是常见的犹豫不决。这种病症在哪件事中都能看到，无论是小事，还是对个人具有重要意义的大事。一个人也许不知道该吃这道菜还是那道菜，不知道该买这个箱子还是那个箱子，不知道该去看电影还是听广播。这样的人不知道自己这辈子该做什么，就算开创了某种事业，也不知道此时该做什么，彼时该做什么；不知道该选择哪个女人为妻；不知道是否应该离婚；不知道应该去死还是活下去。让他做一个无法更改的决定，他会为此痛苦不已、惊慌无助、疲惫不堪。

这种犹豫不决的性格虽然明显，人们却往往意识不到，因为他们总在无意识中避免做任何的决定。做事的时候，他们会一拖再拖，反正就是不肯行动；机会来了，他们也不去抓，而是随波逐流，要么就把做决定这件事交给别人。他们还会把情况搞得一团糟，让自己无法再做决定。由此引发的茫然状态也往往不为患者所知。患者在无意识中借由各种手段掩盖自己的犹豫不决，因此精神分析医生很少听到他们这方面的抱怨，其实这种病症很多人都有。

精力被分散的另外一个典型表现是做事没有效率。说到这里我想到的并不是哪个人因为在某个方面缺乏训练或者没有兴趣表现出的无能，也不是威廉·詹姆斯（William James ）在一篇非常有意思的论文说的一个人在抵挡住第一波的疲劳攻击或者外部压力之后体内储存的精力就会冒出来。我在这里说的做事没有效率指的是一个人因为内心深处的某些相互冲突的因素导致的无法竭尽全力做事。这就好比他开着一辆汽车，刹车却没有松开，只能慢腾腾地朝前走了。有时候事情真的是这样。一个人不管做什么事都慢吞吞的，其实并不是他能力不足或者事情很难做，也不是他不想卖力去做，恰恰相反，他不管做什么事都会付出百倍的努力。比如，写个很简单的报告或者操作一台很简单的机器设备就要用好几个小时。拖他后腿的原因当然有很多种。他可能会无意识地反抗一种压迫感，会强迫自己做好每一个细节，也可能对自己大动肝火——就像我在上面的例子中描述的那样——因为在第一次试着做的时候没有漂漂亮亮地把事情做完。做事没有效率不只是做得慢，还体现在做事总是笨手笨脚、丢三落四。一个女佣人或者家庭主妇，若暗暗觉得自己这么有天赋，不该做这么卑贱的事，就无法把手边的工作做好。这就使她不但在做这件事的时候效率不高，在做其他任何事的时候也是如此。站在个人角度去看，这就是在压力下工作，结果肯定会累个臭死，得好好睡上一觉才能恢复体力。在这种情况下无论做什么事都会让一个人付出更多的精力，就像一辆汽车，刹车还没有松开，就被司机硬生生地朝前开，那种难受的滋味儿就可想而知了。

内心的冲突和做事没有效率不但体现在工作中，在与人交际中也有明显表现。一个人既想跟别人做朋友，又觉得这么做是在讨好对方，就会显得不自然；既想跟别人要些什么东西，又想用命令的方式，就会让人讨厌；既想维护个人权利，又想做出妥协，就会犹豫不决；既想跟人交往，又怕被人拒绝，就会表现得很羞怯；既想和伴侣做爱，又想把对方搞得很沮丧，就会变得性冷淡，等等。内心的逆流越凶猛，活着就越累。

有些人能意识到内心的这种冲突，但多数时候，只是在某种特定的情况下，冲突变得很激烈时，他们才能意识到；有时候，只是在跟他们那很少出现的自然放松的状态对比的情况下，他们才能突然意识到它。疲劳出现时，他们往往觉得是别的因素造成的——身体不好、工作过量或者睡眠不足等。这些因素都有可能是真的，却绝对不是人们通常认为的那个重要因素。

第三个相关的病症就是惰性。得了这种病的人有时候会骂自己太懒了，其实他们也不喜欢自己这样。他们可能会有意识地躲避任何需要出力的事情，还会说出一番大道理，自己掌控全局就行了，“细节”交给别人去完成——也就是做事。死活不肯出力也可能是恐惧的一种表现，生怕费了老大劲，到头来却伤了自己。鉴于他们做事很容易累，这种恐惧是可以理解的；医生若只是看到了这种疲惫的表层意义，他的意见就会加重患者的这种倦怠。

神经症惰性就是丧失了主动性和行动的能力。一般说来，这种情况由严重的自我疏离和做事没有方向导致。内心长时间处于斗争状态，做了一些事却没有达到满意的效果，就会让这类患者产生一种很强烈的倦怠感——虽然有的时候他也会兴冲冲地干上一阵子。说到原因，最有影响力的当属患者的理想化的形象和虐待的倾向。做事需要付出长时间的努力这个事实让他觉得这是一种羞辱性的证据，说明他并不是他那个理想化的形象，一想到做一些不大不小的事，就会让他沮丧不已，索性根本不做，只是在心里想自己干得多么多么棒。理想化的形象让他鄙视自己，让他痛苦不堪，剥夺了他可以做任何有意义的事的信心，因此把做事的刺激和快乐都埋到了流沙里。虐待倾向，特别是受到压抑的虐待倾向（倒置的虐待倾向）会让一个人在面对任何攻击性的事时不由得往后退，结果就造成了不同程度的精神上的完全懈怠。普遍性的惰性具有特殊意义，因为它影响的不只是行为，还有感情。神经症冲突解决不了，会造成无法估量的精力的浪费。神经症冲突说到底是特定文明的一种产物，因此对人类天赋和品质发展的阻碍就是对这种有问题的文明的一种严厉的控诉。

冲突不解决不但会造成精力的分散，更会造成道德本质的分裂——也就是造成道德准则以及影响一个人同别人的关系与自身发展的感觉、态度和行为的分裂。正如我们说过的精力的分散会造成精力的浪费，涉及到道德问题，造成损害的就是道德的完整性了，即道德品质的损害。我们前面已经暗示过，这样的损害由相互矛盾的立场和患者掩盖这种矛盾立场的本质的企图造成。

彼此不相容的道德价值观会出现在基本冲突中。虽然患者想尽一切手段试图调节它们之间的关系，但它们仍在发挥着破坏性的作用。然而，这意味着患者没有严肃对待或者无力对待每一种道德价值观。从根本上说，包含了诸多真实理想因素的理想化的形象是一个伪造物，让患者本人或者没有任何相关经验的观察者很难分辨出它与真实的自我之间的区别，其难度就好比辨识一张伪造的银行支票。我们已经看到，神经症患者可能会认为——真诚地认为——自己在追求理想，会因为自己犯下的每一个明显的错误惩罚自己，这样就给人造成一种印象，他在过于勤恳地追求自己的道德标准；或者他会因为想到或者谈论道德价值和理想变得欣喜若狂。我说他不把他的理想当回事，意思是这些理想对他的生活不具备约束性的道义上的力量。方便了或者觉得用得着了就把它们用一下，不用了就随意毁掉。我们在讨论视而不见和隔离手段的时候就说过这样的例子——在严肃对待自己的理想的人身上，这种态度是见不到的。这些理想若不是真实的，就会轻易被弃掉——比如，一个人曾真诚地宣称会把全部的热情献给某项事业，然而在面对诱惑时马上就成了叛徒。

通常情况下，损害了道德的完整，会让一个人不再那么真诚，越来越自私自利。有趣的是，佛经中在这方面有专门记述，说真诚就是全心全意，还指出了我们根据临床观察得出的那个结论——也就是内心分裂的人无法做到完全真诚。

> 僧：我听闻狮子捕获猎物时，无论是野兔还是大象，都会用尽全部力量；请师父告诉我这究竟是怎样的一种力量？
>
> 师父：真诚的精神（即不欺的力量）。
>
> 真诚即不欺，也就是“用尽全部力量”，用术语

> 来说，就是“将全部身心投入行动”……不做任何保留，不做任何伪装，不做任何浪费。若一个人能做到这样，我们就说他是金毛猛狮；他象征的便是刚强、真诚、全心全意；他便是圣人。

自私自利是道德上出了问题，因为它利用别人为自己谋好处。这样的人不把别人当人，只把别人视作达到自己目的的工具。这样的人抚慰或者喜欢别人，只是为了缓解自己的焦虑；他故意做一些事，为别人留下好印象，其实只是为了提升自尊；他不去担责，反倒去怪罪别人；他想获胜就不能让别人获胜等。

损害的表现因人而异。我们已经在别的方面详说过这些表现，这里只需用更系统的手段加以温习。我不想说得太细，这样太麻烦，我还没说到虐待倾向，这种倾向必须放到最后再说，因为它被视为神经症发展过程的最后阶段。先说最明显的表现，无论神经症如何发展，无意识的假装总是一个重要的因素。下面就是这种因素的几种突出的表现形式：

爱的假象。那么多的感情和努力都可以用爱这个字眼或者爱的主观感觉概括，真是让人吃惊不已。爱可以是一种寄生性的渴望，一个人觉得自己太虚弱或者太空虚，快要活不下去，便会生出这种渴望。爱也可以表现得富有攻击性，可以是一种利用别人的欲望，想依靠人家获得成功、地位和权力。爱既可以是一种把别人踩在脚下的需要，也可以是一种通过与对方建立亲密关系并虐待对方达到个人目的的需求。爱还可以是一种被人赞美的需要，被人赞美了，就可以有信心地说自己就是那个理想化的形象了。正是上述原因让爱在我们的文明中变成了一种很稀缺的真实情感，虐待和背叛却随处可见。这种状况让我们觉得爱会轻易变成鄙视、憎恨或者冷漠。但爱并不会这么轻易地转变。事实上，导致虚假的爱的感情和对抗最终会暴露在外。不用说，这种虚假的爱既存在于父母和孩子的关系中，又存在于朋友和性的关系中。

善良的假象。自私、同情及类似情感的假象和爱的假象差不多。它是屈从型的人的特点，这类人的某种特殊的理想化的形象和消灭掉一切攻击性的冲动的需要让这种假象变得更加严重了。

兴趣和知识的假象。这种假象在那些疏远情感、认为生活仅凭智力就能掌控的人身上表现得最明显。这种人假装无所不知，对什么事都感兴趣。但这种现象也见于那些似乎投身于某种事业、却在无意识中把这种兴趣作为获得成功、权力或者物质利益的垫脚石的人身上，只是表现得更加隐秘一些。

诚实和公正的假象。这种假象在攻击型的人，特别是有虐待倾向的攻击型的人身上随处可见。这种人看到别人假装友爱和善良，而自己并不像他们那样假装大方、爱国、虔诚等，便自认为特别诚实。其实，他也是一个伪君子，只是表现形式不同罢了。他缺少常见的偏见，或许只是在盲目、消极反抗每一种传统价值观。他可以说不，但这种行为或许并不是力量的表现，而只是一种嘲笑、羞辱别人的愿望。他会公开承认为自己谋福利合情合理，但这背后可能隐藏着利用别人的欲望。

痛苦的假象。这一点必须说得细一些，因为围绕着它的一些观点让人困惑。严格信奉弗洛伊德学说的精神分析学家以及一些门外汉认为，神经症患者想被虐待，想担忧，想让别人惩罚他。众所周知，神经症患者想找罪受这个观点是有事实支撑的。但"想"这个字包括多种理解上的错误。提出这种理论的作家并没有意识到神经症患者受的苦远远大于他所知道的，通常来讲，只是在他开始恢复的时候才会意识到自己受了那么多的苦。更重要的是，这类患者好像并不知道冲突没有解决必然会带给他们痛苦，也完全不知道痛苦根本不受个人意愿掌控。比如，一个神经症患者崩溃了，这当然不是由他的意愿造成的，他根本不想这样，而是内心的某种需要强迫他这么做的。如果他鄙视自己，左脸上挨了一巴掌，还把右脸伸过去让人打，他——至少在无意识中——不愿这么做，鄙视自己这样做；但他被自己的攻击性的倾向吓坏了，所以必须走向另外一个极端，这样就只好让别人用某种方式虐待他了。

促成神经症患者想受苦这种看法的另外一个因素是夸大或者用戏剧化的手段强调苦难。患者的确会出于某种隐秘动机感受或者表露自己的痛苦。他或许渴望得到别人的关心或者原谅；或许出于占别人便宜的目的在无意识中把它利用了一下；也可能是被压抑的报复企图的一种表现，想利用自己的痛苦对别人进行惩罚。但是考虑到患者内心的各种感情，这些只是他公然使用的想要达到某种目的的手段。他还会常常把自己的痛苦放错了地方，这样就给人一种印象，他只是在毫无缘由地沉浸在自己的痛苦中。因此他可能会变得郁郁寡欢，并将原因归结为自己“做了错事”，其实，他痛苦的根源是没有变成他那个理想化的形象。要么与心爱的人分开后他会感觉很迷惘，虽然他也知道自己有这种感觉是因为爱得太深——内心已经分裂——以至于一个人无法生活下去。最后，他也许会误解自己的感觉，明明是在大发火气，却以为是在受苦。比如，有这样一个女人，情人没有在约定的时间给她写信，她就觉得自己在受苦，其实她是在生气，因为她想让事情按照她的意愿发展，也可能是因为情人似乎对她关心不够让她觉得羞辱。在这个例子中，女人无意识地选择了痛苦，而不是认识痛苦的根源——愤怒和神经症内驱力——并且过分强调了自己的痛苦，因为这种痛苦能够掩盖整个关系中的虚伪成分。然而，这些例子都无法证明患者想受苦，只是表明了患者的一种想受苦的假象。

另一种更为特殊的损害，就是无意识的自大的形成。我在这里想再次重申，我是从下面这种意义上来说这个问题的：一个人对自己吹牛皮，明明不具备某些品质，却硬说具备，或者具备的品质没有他说的那么多，由此无意识地宣称有权要求别人为他做事、诋毁别人。神经症患者并未认识到自己说的有何不妥，因此他的自大就是无意识的。其中的分别并非有意识的自大和无意识的自大的分别，而是明显的自大与隐藏在过谦和道歉行为之下的自大的分别。其中的分别在于现有攻击程度的不同，而不是现存自大的不同。第一种情况中，一个人公然要求某种特权；第二种情况中，若这种特权不给他，他就会受到伤害。两种情况中都缺少一种叫作“现实性的谦逊”的东西，也就是能认识到——不只在话头上，更在真实的情感中——普通人的局限性和不完美之处，特别是自己的缺陷。行医的过程中，我发现每一位患者都不愿想到或者听到自己存在某些缺陷。在那些有隐秘自大倾向的患者身上，这种情况表现得尤为突出。看漏了什么东西，他宁可责备自己，也不愿像圣保罗那样，承认“我们的认知有限”。因为懒惰或者粗心做错了什么事，他宁可反责自己，也不愿承认没有谁总是那么能干这个事实。隐秘的自大倾向确切无疑地表明，在悔恨的自责和因外界的批评或无视导致的内心愤怒之间存在明显的矛盾。精神分析医生想要发现这些受到伤害的感情往往需要做细致的观察，因为过谦的人很可能会压抑这些感情。但实际上，他或许也像那些公然自大的人一样对别人有很多的要求。他批评别人时同样冷酷无情，虽然在表面看来，他在用一种贬低自己的方式赞美对方。然而，他在心里暗暗地要求对方和他一样完美，这就是说，他对别人身上的某些特征缺少一种真正的尊重。

另外一个道德问题是立场不明以及随之而来的不可靠性。说到某个人、某个观点或者某项事业客观存在的可取之处，神经症患者极少表明立场，说的话都是出于个人感情的需要。因为他的这些需要是矛盾的，他说的话也总是颠三倒四。因此很多的神经症患者在更多的关爱、更高的地位、知名度、权力和所谓“自由”的诱惑下都会很轻易地改变立场。他的这种做法在同自己以及别人的关系中都有体现。他们往往对别人没有感觉、没有看法。他们的看法可能会因为某种流言蜚语而改变。对某个“很好的朋友”失望了，或者稍微有些失望，或者自觉很失望，就会把人家甩掉。生活中遇到了某些困难，会让他的热情变为倦怠。他们可能会因个人的某种感觉或者悔恨改变信仰和对政治或者科学的看法。他们在私下交谈时可能会表明立场，然而在某个有权势的人物或者组织的哪怕最轻微的压力下都会轻易放弃这种立场——往往还不知道自己为什么这么做，甚至都知道自己这么做了。

神经症患者不会首先表态，而是搞“骑墙”那一套，死活不肯做选择，无意识地避免自己那明显的犹豫不决的态度。他会说情况太复杂，自己才会这样，或者为了“公正”起见，才不想草草做决定。毫无疑问，真心地追求公正颇为重要。在很多情况下，既要保持一颗公正的心，又要做出明确决定，的确很难做到。但公正可以成为患者理想化的形象的一个强迫性的部分，其功用就是让表明立场变得没有必要，与此同时让患者觉得自己不受偏见之争的影响是为了在“神的授意下”做决定。在这种情况下，患者会有一种无偏见的倾向，认为两种观点其实并不那么矛盾，或者在两个人发生冲突时，认为双方都没有错。这是一种虚假的客观性的行为，让一个人无法认识到问题的本质。

在这方面，不同类型的神经症之间存在着很大差异。最大限度的人格的完整统一，可以在那些真正孤立的人的身上看到，这类人远离了神经症冲突和神经症黏附的漩涡，不易受到“爱”或激情的影响。另外，他们对待生活的旁观者的态度，往往使他们在做出判断时秉承很大的主观性。但并非每一个孤立的人都能表明立场。他可能极其厌恶冲突，厌恶自己必须做出决定，这就导致他心中都没有一个明确的立场，要么会把事情搞乱，要么至多只能意识到哪种决定好，哪种决定坏；哪种决定有效，哪种决定无效，却始终无法形成自己的任何判断。

然而，攻击型的人似乎与我的神经症患者通常难以表明立场的断言相矛盾。特别是在他自以为是，自认为拥有某种超常的辨析、维护与坚持个人看法的能力的情况下。然而这种印象是欺骗性的。这类人说出自己的明确看法，往往是因为固执己见，而不是基于真正的判断。他的固执也会扼杀掉内心的一切疑虑，这就让他的看法往往显得有些武断，甚至有些狂热。另外，他会受到对权力或者成功的期待的影响。他的可靠性被限定在了由控制别人的渴望和被人赏识的渴望设置的范围内。

神经症患者对责任的态度让人困惑。这部分源于“责任”这个词的多种含意。它可以指尽心尽责。在这个意义上讲，神经症患者是否尽责，取决于其特殊的人格结构；这个特点并不是所有的神经症都具备的。对他人而言，责任或许意味着对自我行为负责的一种感觉，因为他的这些行为会影响到别人；但也可以是一种控制别人的委婉说法。当患者承担责任的潜台词变成自我怪罪时，他可能只是因为没有成为自己的理想化的象形在表达愤怒，从这个意义上讲，他的行为和责任没有丝毫关系。

若我们能够清楚地认识到承担责任究竟意味着什么，就会明白，要神经症患者来做这件事，就算有可能，也是十分艰难的。这就意味着首先要用一种对人对己的实事求是的态度承认，我就是这么想的，这么说的，这么做的，并且愿意为此承担相应的后果。这与撒谎或者怪罪别人相背离。在这个意义上讲，神经症患者之所以难以承担责任，是因为他往往不知道自己在做什么，不知道自己为何这样做，并且对不知道这件事有着浓厚的主观兴趣。这就是他常常借用否认、遗忘、轻视、粗心地找其他借口、觉得被误解或者一时糊涂等手段竭力为自己撇清关系的原因。他总是让自己置身事外或者赦免自己，总说妻子、生意伙伴、精神分析医生应该为出现的任何麻烦负责。另外一种常常导致他无法承担甚至是认识到其行为后果的因素，就是一种自己无所不能的潜在感觉，基于这一点，他希望可以为所欲为，并且无须为此承担责任。承认无法逃脱的后果会粉碎这种感觉。最后一个相关的因素乍一看上去似乎是智力上的一种缺陷，无法有效思考原因和后果之间的关系。神经症患者通常给人一种生来只能想到错误和惩罚的印象。几乎每一位患者都会觉得精神分析医生在怪他，其实，医生只是在面对他的麻烦和他的麻烦造成的后果。平日里，他会觉得自己是个犯人，总在被人怀疑，总在被人攻击，因此需要不断地防护自己。其实，这是心理过程的外化作用。我们已经看到，这些怀疑和攻击的根源就是他的那个理想化的理想。就是这个“找碴和防护”的心理过程，加上它的外化作用，让他几乎不可能在涉及到自己的事件中认识到原因和结果之间的关系。不过，在那些与他的麻烦无关的事件中，他就可以像别人一样实事求是地对待它们。因为下雨，街上湿了，他就不会去问这是谁的过错，而是接受这种偶然的联系。

我们说一个人应该为自己的行为负责，还指有能力站出来捍卫我们自认为正确的东西，若我们的某个行为或者决定被证明是错误的，就得愿意承担相应的后果。一个人内心四分五裂时，要做到这一点也是很困难的。他应该挺身捍卫内心的哪一种相互冲突的倾向呢？他又能捍卫哪一种倾向呢？这些倾向都不是他真正想要或者相信的。他只能挺身捍卫他的那个理想化的形象。然而，这么做是不允许他承认自己是有过错的。因此倘若他的哪个决定或行为惹出了麻烦，他就得颠倒黑白，把脏水泼到别人身上。

一个相对简单的例子可以说明这个问题。有一个人，是一间大公司的主管，贪得无厌地追求权力和地位。缺了他，什么事也做不了，什么决定也做不了，而他不肯放权给那些因为接受过特殊训练可能更有资格或者能力做某些事的人。他自认为无所不能，无所不知。另外，他不想让别人觉得自己是个重要人物或者变成一个重要人物。只是因为时间和精力有限，他才没能变成他那个理想化的形象。但这个很特别的人不但要控制别人，而且有屈从倾向，想让自己成为一个大好人。这些冲突没有解决，他便有了我们描述过的那些特点——怠惰、想睡觉、犹豫不决和拖延，因此无法有效地安排自己的时间。他总觉得按时赴约是一种压迫，让他无法忍受，所以总是喜欢让人家等。另外，他做了很多不太重要的事，因为这些事可以满足他的虚荣心。最后，他成为一位忠于家庭的男人的渴望又耗费了他的大量时间和心思。这样公司经营得就不算太理想，可他没有看到自身的缺点，反而说是别人的错，或者责怪外部环境不好。

让我们再次发问，他能为他人格中的哪个部分负责呢？是他的控制倾向，还是屈从、抚慰、讨好自己的倾向？首先，这两种倾向他哪一种也意识不到。就算他意识到了，也无法做到要这个，扔那个，因为两种倾向都是强迫性的。还有，他那个理想化的形象除了让他看理想的美德和无限的能力，别的东西一概不允许他看。这样他就无法为冲突必然导致的后果负责了。这么做会把他急于掩盖、不让自己看到的一切暴露出来。

一般说来，神经症患者特别不愿意——无意识地——为他的行为造成的后果负责。就连最明显的后果他也视而不见。冲突解决不了，他就坚持认为——又是无意识地——他自己无所不能，可以对付它们。他认为别人的行为才会造成不良后果，他自己完全不存在这个问题。这样他就只好不断地回避对因果规律的认识。他若是敞开内心面对它们，它们就会给他一个很大的教训。它们会简单明了地告诉他，他那套生存的手段完全不起作用，虽然他在无意识中会搞一些骗人的鬼把戏，但正如肉体范畴内的不可更改的法则，精神生活的无情法则也是他无法回避的。

事实上，负责这件事对他几乎没有吸引力。他只能看到或者模糊感觉到它的不好的一面。他看不到的，只能慢慢理解的，是他转身而去、不管不顾的那一刻，他已经击败了他对独立的热烈追求。他什么责任都不想承担，还想独立，但实际上，承担责任是一个人获得内心真正自由的一个必不可少的条件。

神经症患者拒不承认其麻烦和痛苦源于自身内心的冲突，便拿出了那三种手段为自己撑腰——三种手段往往一起上。在这种情况下，外化手段真是太适合不过了，发生了什么大的灾难，他会把罪责推到一切事物身上，从食物、天气、体制到父母、妻子、命运，谁都不能幸免。他要么会这样想，他没有一点错，这样的灾难降临到他的头上是天大的不公。他生病、变老、死亡、婚姻不幸、孩子有问题或者工作尚未被认可，这些都是对他的不公对待。这种想法（有意识或者无意识的），真是大错特错，因为事情搞到这一步，他也是有责任的，但他不但排除掉了他的责任，更把对他的生活有影响的一切外界因素一并排除了。无论如何，这就是他的行事逻辑。这就是一个以自我为中心的孤立型患者的典型特征，他的自我让他几乎无法看到自己其实只是一个巨大链条上的一个小小的环。他只是想当然地认为，在某个特殊的社会体制内，在某个特定的时间，他应该把所有优质的生存资源都弄到自己手里，却极不愿意同别人产生任何好的或者坏的关系。这就导致他怎么也弄不明白，明明哪件事都和他没有关系，可他还是会苦恼。

第三种手段与其拒绝承认因果关系有关。在他看来，后果只是偶发事件，与他自己或者他的麻烦无关。比如，降临到他身上的抑郁或者恐惧仿佛是从天上来的。这当然是由于对自己的内心缺少认识或观察所致。但在精神分析诊疗过程中，我们看到患者死活不肯承认无形的联系。他不愿相信这些联系，或者选择了忘记；要么他会觉得精神分析医生不去速速消除他的麻烦——他来的目的就是这个——却把“罪责”推到他的身上，从而用一种狡猾的手段保全了自己的面子。一位患者可能已经熟悉了与其怠惰有关的因素，却还是拒绝思考下面这个事实：他的怠惰不但会表现在精神分析诊治的过程中，更会表现在他的其他的行为中。或者他意识到了自己对别人的攻击性、损害性行为，却还是无法理解自己为何总和别人吵架，总招人不待见。他内心的这些烦恼是一回事，现实生活中的麻烦却是另一回事。把内心的苦恼与其对生活的影响分开来看来，是造成他的整个隔离倾向的主要因素之一。

通常情况下，拒不承认神经症态度和动机造成的后果这一点会被患者深深隐藏，作为精神分析医生，自认为这种联系再明显不过，因此也会轻易忽略这一点。这让人感到遗憾，因为只有患者认识到了自己对后果视而不见这个事实以及这么做的理由，才有可能意识到他在多大程度上在干涉自己的生活。意识到后果是精神分析诊疗过程中最强有力的一个因素，因为它会让患者觉得只有改变内心的某些东西才能获得内心的自由。

那么，若神经症患者无法意识到自己的虚假、自大、自我、逃避责任，我们还能对他谈论道德吗？也许有人会说，作为医生，我们只需关注患者的病情和治疗，道德不道德和我们无关。我在这里需要指出一点，弗洛伊德的伟大成就之一就是推翻了我似乎在鼓吹的“道德”态度！

这些看法被认为是科学的，可它们合理吗？在人类行为的判断这个问题上，我们真的能够排除对与错之间的分别吗？若精神分析医生可以决定什么需要做精神分析检查，什么不需要，那他们岂不是在基于有意排斥的判断之上为患者看病？这些暗示性的判断是危险的：它们要么是在过于主观的基础上做出的，要么是在过于传统的基础上做出的。这样精神分析医生就可能会觉得男患者的风流韵事不需要分析，女患者的需要细细分析。或者，若他认同一种放荡不羁的生活方式，就会认为，无论是男人的忠诚，还是女人的忠诚，都需要分析。其实，精神分析医生应该在患者的特殊病情的基础上做判断。需要回答的一个问题是：患者已表明的某种态度是否会对其发展以及同别人的关系造成伤害性的后果。如果是，这种态度就是错误的，就得改正。精神分析医生应该好好对患者解释，他得出某种结论的理由是什么，以便让患者可以下定决心配合治疗。最后，上述看法中的错误之处不就是患者这个想法——即道德只是判断问题，不是与后果有关的现实问题中的错误之处吗？让我们以神经症患者自大为例进行说明。无论患者对其是否负有责任，它都存在。精神分析医生认为，患者会认识到自大并最终解决自大这个问题。是因为他在主日学校里学过自大是一种罪，谦虚是一种美德，才让他有这种批判性的态度吗？还是他的判断由下面这个事实决定：即自大是不现实的，会造成不良后果，由此产生的负担不可避免地要由患者承受——又是无论患者是否对其负有责任？然而在自大这个例子中，后果不但妨碍了患者对自己的认识，更妨碍了他的发展。另外，自大的患者总喜欢不公正地对待别人，这就又产生了不良的后果——不但他会偶尔陷入冲突，更会让他时常疏远别人。这样只会不断加重他的病情。患者的道德问题部分源于其神经症，部分源于其对神经症的维护，因此精神分析医生除了关注它们再没有别的选择。

第十一章　绝望

神经症患者内心虽有那么多的冲突，有时却很满足，能够自得其乐。但他的快乐依附的条件太多了，无法成为常态。比如，除了独处或与别人分享孤独时，别的时候，无论做任何事情，他都不会快乐；除了掌控全局或者在每个方面都得到别人的称赞时，他才会快乐。快乐的条件绝大多数时候都是冲突的，这就进一步缩减了他的快乐的机会。他或许乐于让别人带头，却又会因此心生怨恨。一个女人或许乐于见到丈夫有所成就，却又会因此心生嫉妒。她或许喜欢承办派对，却又必须把每一件事做得尽善尽美，结果派对还没开始她就被搞得筋疲力尽了。就算神经症患者真的找到了暂时的快乐，这种快乐也会被他的多种弱点和恐惧扰乱。

另外，日常生活中发生的各种不幸事件会过多地干扰他的内心。任何一个小小的失败，甚至是因为某些他无法掌控的因素导致的失败，都会让他陷入抑郁状态，因为这往往证明了他的无能。别人说了他几句，他就受伤了，就忧虑了，就垂头丧气了。结果，很多时候无需伤心、不满，他也这样了。

这种情况本来就很糟糕，若我们细想一下，就会发现情况其实更糟。人显然要承受很多的痛苦，但前提是有希望在；而神经症患者的苦恼无一例外地会增加他的绝望感，他越苦恼，就会越绝望。这种绝望可能会被深深地埋藏起来：表面上神经症患者可能会埋头幻想或者设想一些能让糟糕的情况有所改观的条件。若他结婚了，有了一套大公寓，工头换了，老婆换了；她要是个男人，稍微老些或者年轻些，再高一点或者没这么高——一切就都好起来了。有时候，消除某些令人忧虑的因素的确证明有用。但更多的时候，这种希望只能将内心的烦恼外化，注定会转为绝望。神经症患者希望这个世界会因为外部某些因素的改变而变得更好，但外界因素的每一次改变都不可避免地把他自己和他的神经症拖入了新的情况。

年轻人自然更愿意将希望寄托于外界因素，这就是在为年轻患者做精神分析诊疗时不如想得那样简单的原因之一。随着年纪越来越大，一个又一个的希望破灭，他们就愿意好好审视自己了，看看自己是否是痛苦的一个根源。

虽然这种常见的绝望感是无意识的，但多种迹象可以暗示出它的存在和影响力。患者长时间处于毫无理由的愤怒状态，却无法摆脱，他为此对自己失望，而他对失望的反应在漫长的一生中会表露在某些事件上。一个少年，失恋了，显然有可能会突然陷入完全的绝望状态，朋友背叛了自己，自己毫无理由地就被辞退了，考试没有通过，这些事件同样会让一个人变成这样。反应如此激烈，一个人当然想挖掘出这背后可能存在的原因。但往往是原因还没有找到，这种不幸的经历却已经让他陷入了更深的绝望。同样的道理，沉溺于死亡或者突发的自杀念头——无论是不是真的想这么干——都是由一种无处不在的绝望感引起的，即便他表面上显得还算乐观。常见的轻浮，做什么都无所谓——无论是在精神分析诊治的过程中还是在别的场合——也是绝望的一种暗示，正如碰到一点困难就会心灰意冷。弗洛伊德说的消极的治疗反应在这里多数都有体现。一种新的见解，虽然痛苦，却可能会为患者指明一条出路，然而这种东西只会让他沮丧，不愿意费力地解决新的问题。有时候，这种情况会让人觉得患者不相信自己能够克服某种特殊的困难，但实际上，这表明他已经绝望了，不再盼着能从中得到什么。这时候，他自然会抱怨这种特殊的见解伤害了他，让他害怕，还会因为医生把他搞得这么丧气而心生愤恨。喜欢预见或者预示未来也是绝望的一种表现。虽然表面上这好像是一种常见的对生活、对自己的轻率行为被发现、对自己犯了错误的焦虑，但我们应该注意到，在这种情况下，患者的看法中通常混合了消极的成分。就像希腊神话中的有预言能力的卡珊德拉（Cassandra），很多神经症患者预见的事情大部分为坏事，好事极为稀少。这种只看到事情阴暗的一面，不去看光明的一面的行为，会让患者觉得自己正陷入深深的绝望状态，无论他把这种状态说得多么合情合理。最后是长期的抑郁状态，因为隐藏得太深，暴露得不明显，会让人觉得并不是抑郁。深受抑郁困扰的人同样能把生活处理得很好。他们可以很快乐地生活，但是每天早晨起来，往往要用好几个小时才能让自己变得兴奋、活跃，像以前那样，再一次忍受生活。生活总是这么深重，让他们几乎都没感觉了，因此也就不再抱怨。然而，他们的精神永远处于低潮。

绝望的根源总是无意识的，绝望感却是有意识的。一个人可以被一种死亡感完全笼罩。或者他屈从于生活的摆布，不期待好事降临，觉得活着就是受罪。或者他会用哲学术语描述生活，认为生活本来就是一种悲剧，只有傻子才骗自己说人的命运不可改变。

在正式面谈之前，精神分析医生就已经感受到了患者的绝望。他一点也不愿意牺牲，一点也不想给自己找麻烦，一点也不愿意冒险。他让人觉得是一个自我放纵的人。但事实是，他觉得没必要做出牺牲，因为他就没想着从中得到什么。他不做精神分析诊疗的时候也持这样态度。一个人的处境糟糕透顶，但只需做出一丁点的努力，有那么一丁点的进取心，就能改变这种状态。但是这样的人可能会被绝望彻底打垮，原本不算太难的事在他眼中也变成了无法逾越的障碍。

有时候，一句很偶然的话就会让这种情况浮于表面。精神分析医生只是说了一句某个问题尚未解决，需要做更多的工作，患者就用这样的一个问题来回应他："你觉得我没希望了，对吗？"虽然他意识到了自己的绝望，但多数时候束手无策。他可能会把原因归结为多种外界因素：工作、婚姻、政治环境等等。他的绝望并非源于某种具体或者暂时的条件。他觉得这辈子就算完蛋了，永远也不会快乐，永远也不会自由了。他觉得活着一点意思也没有。

或许丹麦哲学家瑟伦·克尔凯郭尔（Soren Kierkegaard）给出的答案最为深刻。他在《病死》一书中这样说，所有的绝望从根本上讲都是无法做自己的绝望。从古至今，哲学家们都认为，做自己具有重要意义，若不能如愿，就会陷入绝望。这也是佛经中的精华思想。现在作家中，我只引述约翰·麦克默里说过的一句话："若不能完全而彻底地做自己，活着还有什么意思？"

绝望是冲突没有解决的最终产物，其最深的根源是因为无法做到全心全意、内心的和谐统一而产生的沮丧。冲突无法解决，越积越多，就会导致这种结果。患者最基本的感受是被冲突困住了，就像鸟儿被网子捕获，再也无望逃脱。在此之上是患者解决问题的所有尝试，这些尝试不但失败了，更加深了患者对自己的疏离感。重复性的体验加深了这种绝望——才智毫无用处，无法让他获得一丁点的成绩，要么是因为精力一次次地被分散在太多的方面，要么是因为创造性的过程中涌现出的困难把他吓到了，使他无法继续追求目标。这种情况可见于婚外情、婚姻和友谊，在这些方面，他一次又一次地品尝失败的苦涩滋味。这种重复性的失败足以让患者心灰意冷，正如实验室中的小白鼠，在设定好的条件的驱使下，想跑到某个洞里去吃东西，然而在它们一次又一次跳起来的时候，却发现洞被堵住了。

另外，他曾无数次地奋发进取，想变成他那个理想化的形象，然而每次都不能如愿，结果只能是绝望。很难说这是否是导致绝望的最强有力的因素。然而，有一点毋庸置疑：在接受精神分析诊治的过程中，若患者意识到了没有任何希望变成他在想象中看到那个的独一无二完美形象，他的绝望马上就会暴露无遗。他此时感到绝望，不只是因为他无法达到想象中的高度，更因为在他意识到这一点之后对自己充满了深深的鄙视，觉得自己这辈子完了，无论是爱情还是工作，都不会有任何的收获。

患者绝望的最后一个因素是让其重力中心从内心深处转移到外界、且让他丧失了生活冲劲儿的各种糟糕的经历。这些经历造成的后果就是让他对自己、对人的发展失去了信心——这种态度虽说有可能不会被他察觉，但结果是严重的，可以用“心如死灰”来形容。正如克尔凯郭尔所说：“然而，他虽然绝望……却仍可以……像一个正常人那样，将全部身心投入某件暂时性的事情上，比如结婚、生子、赢得荣誉和尊敬——或许没有人可以觉察到，其实在某种更深的意义上讲，他已经丧失了自我。然而，自我这种事世人是不会关心的，因为人们最不可能询问的就是自我，而且在所有的事情中，最危险的就是让人家注意到一个人没有自我。最大的危险，也就是丧失自己，会像鬼魂一样悄无声息地溜过去，而失去别的东西，比如一只胳膊、一条腿、五块钱、一位妻子……肯定会被注意到。”

我指导精神分析工作多年，经验告诉我，精神分析医生对绝望这个问题往往认识不清，因此处理的办法并不正确。我的一些同事被患者的绝望深深感染，虽然他们认识到了患者的绝望，却觉得并不是什么毛病，结果搞得自己也绝望了。这种态度对于精神分析医生而言当然是极为重要的，因为无论医生的技术多么高超，付出了多么大的努力，患者却感觉医生真的已经把他放弃了。在其他场合也是这种情况。一个人，若是不相信自己的朋友能够战胜疾病，就不能成为益友。

有时候，同事没把患者的绝望太当回事，就犯了相反的错误。他们觉得患者需要鼓励，便给予鼓励——这种做法值得赞赏，却还不够。这种事情发生时，虽然患者感激精神分析医生的良好建议，心中却大为恼火，因为他深深地知道，绝望并不只是一种情绪，光靠出于好意的鼓励就能消掉的。

勇于面对困难，直截了当地把问题解决掉，首先要从如我们上面说过的可以表明患者的绝望以及绝望严重程度的各种暗示中寻找线索。然后必须明白他的绝望完全由内心的混乱造成。精神分析医生必须意识到并且向患者讲明白，只有在现状不变并且被他视为不可改变的前提下，他的状况才是绝望的。这个问题在契诃夫（Chekhov）的《樱桃园》（*Cherry Orchard*）中有过简单描述。濒临破产的一家人一想到离开故土和他们的樱桃园就陷入了绝望。他们看法狭隘，无法承受这样的打击，又没有别的办法可想，只好绝望下去了。他们绝望地恳求人家能否给他们出出主意，帮他们一把，就好像以前没有听到过别人的建议似的。若以前为他们提建议的那个人是一位心地善良的精神分析医生，就会对他们这样说："这一步的确很难，不过是你们的态度造成了这种绝望的局面。若你们能够改变对生活的态度，就根本用不着绝望。"

医生相信患者能够真的改变，也就是能从根本上解决自身冲突，是医生能否敢于面对患者的问题并且有机会将其成功解决掉的决定性的因素。在这一点上，我与弗洛伊德的分歧逐渐变得清晰了。弗洛伊德的心理学思想以及潜藏在心理学思想之下的哲学理想本质上是悲观的。这就是他对人类的未来与疾病治疗的看法。基于他的理论前提，他只能变成一个悲观的人。人的行为受本能指使，这些本能只能通过"升华"得到改变。追求满足的本能不可避免地会受到社会的干扰。"自我"在本能和"超我"的夹攻下被折腾得手足无措，"自我"本身只能被改变。"超我"从根本上说是令人讨厌的、具有破坏性的。真实的理想并不存在。自我实现的欲望是一种“自恋”。人天生具有破坏性的倾向，一种“死亡的本能”逼迫着他要么毁灭别人，要么自己受苦。这些理论为改变的积极态度几乎没留什么余地，并且限制了弗洛伊德发明的极具潜在疗效的诊疗法的价值。然而，我的看法刚好相反，我认为神经症的强迫性倾向不是患者天生就有的，而是源于不正常的人际关系；人际关系改善时，这些倾向就会发生改变，根本性的冲突也会获得真正的解决。然而，这并不意味着基于我所认同的这些原则上的疗法就没有局限性。搞清楚这些局限性需要做大量的工作。但这意味着我们有充足的理由相信根本性的改变是可能的。

那么，认识并消除患者的绝望为何如此重要呢？首先，这个办法在处理绝望和自杀倾向这类问题上很有用。只揭露此时困扰患者的某些特殊冲突，不去管他的绝望，我们的确可以消除他的抑郁。不过，若想阻止抑郁的反复发生，就得消除绝望，因为它才是患者抑郁的根源。只有消除了这个根源，潜伏性的慢性抑郁才能得到有效治疗。

自杀问题也是这样。我们知道，正是深深的绝望、违抗和报复心导致了自杀的倾向；当患者的自杀倾向显露无遗时，再想阻止自杀的发生已为时太晚。密切注意患者细微的绝望迹象，在合适的时间找他好好谈谈这个问题，就很有可能避免很多自杀事件的发生。

更重要的是，患者的绝望阻碍了严重神经症的治愈。弗洛伊德倾向于把阻碍患者康复的一切因素称为“阻力”。但我们几乎不能用这种态度看待绝望。在精神分析过程中，我们必须处理阻碍与推进这两种力量的相互作用问题以及阻力和动力的问题。阻力是一个集合名词，代表了患者心中维护绝望状态的各种动力。另一方面，他的动力源于驱使着他朝着内心的自由前行的建设性的能量。我们做事时需要有这种动力，否则就会一事无成。帮助患者克服阻力的就是这种力量。这让他与别人相处时能够产生积极的后果，因此可以为精神分析医生提供一个更多地了解他的机会。同时，这让他的心中有了一种力量，让他可以面对长大成人之后所要承受的痛苦。这也让他愿意冒险，抛弃曾给予他安全感的态度，勇于拥抱对自己以及他人的新的未知态度。作为精神分析医生，千万不可硬拖着患者走过这个过程，患者本人得想这么做才行。瘫痪他身上这种宝贵力量的正是他的绝望。若精神分析医生没有认识到并解决掉这个问题，就会在与患者神经症的对抗中丧失掉自己最棒的盟友。

患者的绝望单靠某个解释是无法解决的。若患者并没有被他所认为的无法摆脱的绝望感淹没，而是开始将这种绝望视作一个可以最终解决的问题，这就已经算是一个很大的收获了。这一步可以让他大胆放开手脚朝前走。这个过程中当然会有起落。有了一些有益的深刻见解，他会变得乐观，甚至是过于乐观，可一旦有了让他心烦的某个想法，就又会陷入绝望。每一次都要用新的方式解决这个问题，然而，当患者意识到他真的可以改变时，这个问题对他的钳制就减弱了。他的动力也会随之变得强大。在接受精神分析诊治之初，这种动力或许有限，只能算是一种摆脱病症困扰的愿望。然而，当他慢慢意识到自己的桎梏、品尝到自由的滋味时，这种动力就增强了。

第十二章　虐待倾向

陷入绝望的神经症患者想用这种或那种方式“坚持”下去。若不是神经症重创了他们的创造力，说不定他们就能很有意识地顺从于个人的生活状态，专注某个领域，做出一番成绩。他们可能会投身于某项社会或宗教运动，也可能在企业中埋头苦干。他们做的事也许很有意义，他们缺乏热情这个事实相比他们的无欲无求或许也就显得不那么重要了。

而那些让自己适应了某种生活方式的人，虽然有可能不再质疑这种生活方式，却也没有赋予其他多少意义，只是在竭力履行职责罢了。美国小说家约翰·马昆德（John Marquand）在《时间太少》（*So Little Time*）中就描述过这种生活方式。我觉得这就是埃里克·弗罗姆（Erich Fromm）所描述的那种与神经症截然不同的“有缺陷的”状态。然而，我认为这种生活方式正是神经症过程的产物。

另一方面，他们可能会放弃一切严肃、大有前途的事业，专注于琐碎的生活，想从中获得某些快乐，在爱好或者诸如美食、酒宴或者婚外情这类偶然事件中寻找乐趣。要么他们就会随波逐流、自甘堕落，把自己毁掉。他们做什么都没长性，只能开始沉湎于吃喝嫖赌。酗酒这个问题在查尔斯·杰克逊（Charles Jackson）的《失去的周末》（*The Lost Weekend*）中有过描述，说这是这种状态的最后一个阶段。说到这一点，好好研究一下某种无意识的决定自甘堕落是否是促发肺结核和癌症这类慢性疾病的一个强有力的因素或许一件是很有意思的事。

最后，失去希望的人或许会变得具有破坏性，但同时想通过替代性的生活方式进行某种补偿。我认为这就是虐待倾向的含义。

弗洛伊德认为虐待倾向是天生的，因此精神分析的兴趣就被主要集中在了所谓的变态性虐待倾向上。日常生活中的虐待方式，虽然不容忽视，却没有严格被定义。任何武断或者攻击性的行为都被视为对固有虐待倾向的一种修改和升华。比如，弗洛伊德认为追求权力就是这样的一种升华。追求权力的确可以说是虐待的一种表现，但对那些将生活视为一场所有人对抗所有人的战争的人看来，对权力的追求只是一场生死存亡之战。其实，这完全没有必要变成神经症患者。这种不加区分的结果就是：我们要么对虐待态度的表现形式没有一个清楚的认识，要么对到底什么是虐待没有一个明确的标准。这样对于什么才算是真正的虐待、什么不算是真正的虐待就主要取决于个人判断了——这种情况对理智的观察几乎没有任何的指导作用。

一个人伤害了别人，单是这种行为本身并不能说明他就有虐待性的倾向。一个人陷入了个人性或者集体性的斗争，伤害的可能不只是敌人，还会有朋友。对别人充满敌意可能也只是一种反应。一个人觉得受了伤害或者惊吓，会用一种与其愤怒不相符的力量进行回击，虽然在他看来这种力量完全合乎情理。然而，在下面这种情况下，一个人很容易欺骗自己：很多时候，一种被证明是合理的反应，其实是一种正在发挥作用的虐待倾向。虽然很难分辨这两者的区别，但这并不意味着反应性的恶意并不存在。最后，自认为为了生存而战的攻击型的人会运用一切攻击性的手段达到个人目的。我认为这些攻击性的行为并不是虐待，在这个过程中可能会有人受伤，但这种伤害或者损害只是这个过程中的副产品，并非主要意图。说得简单些，就是虽然我们这里说的这些行为具有攻击性或者恶意性，却不是故意为之。一个人伤害了别人，并不能获得一种有意识或者无意识的满足感。

反过来，让我们思考一些典型的虐待态度。我们可以在那些对别人表现出肆无忌惮的虐待倾向的人身上观察到这些态度，无论这些人能否意识到自己的这些倾向。下面我在说一个有虐待倾向的人时，指的是他对待别人的态度是居于主导地位的虐待态度。

这样的人或许想让别人当他的奴隶，或者想让某个特定的人当他的奴隶。他的“受害者”必须是他这个“超人”的奴隶，不但要有个人愿望、感情、主动性，还得对主人没有任何要求。这种倾向或许正如《皮格马利翁》（*Pygmalion*）中描写的希金斯教授调教伊丽莎那样，表现为调教或者教育这个受害者。正如父母调教孩子，老师调教学生，这种行为至多有一些效果。通常情况下，这种调教中会包括了性关系，特别是在施虐一方比受虐一方年长的前提下。有时候，这种情况在老少同性恋中会有很明显的表现。但即便这样，当奴隶表现出想逃脱这种生活、结交新的朋友或者有个人兴趣的迹象时，主人就会露出凶相。一种常见的情况是（虽然不总是这样），主人会被嫉妒心死死缠绕，并且会将其作为折磨自己奴隶的一种手段来使用。这种虐待关系中的一个典型特点是主人控制自己奴隶的兴趣超过了控制自己生活的兴趣。他宁可丢掉事业，放弃与人结交的兴趣或好处，也不肯给自己的奴隶一丁点的独立。

一个人把别人当奴隶控制的方式是很有特点的。这些方式只是在一个相对狭窄的范围内变化，还要取决于双方的人格结构。施虐一方给受虐一方的好处刚够后者觉得这段关系值得维持下去。对于受虐一方提出的某种请求，施虐一方也会满足——虽然他这么做只是为了给对方在精神上留口活气。他会让对方觉得他给的东西独一无二。他会说，看到了吧，没有人比我更懂你，更支持你，更让你感到性爱上的快乐，给你这么多的关心，真的，谁也比不上我。他还用甜言蜜语哄骗对方——有时明说，有时暗示——他爱对方，会娶对方，多给对方钱，会更好地对待对方。有时候，他也会向对方说出他有什么样的要求，并且恳求对方满足他的要求。他控制对方，贬低对方，不让对方和别的人接触，这样这些手段就更管用了。他把对方搞得很依赖他，若上述招数不再管用，他就使出最后一招：威胁离开对方。他可能还会用上一些更狠的威胁手段，不过这些手段在他们的生活中具有举足轻重的作用，还是放到以后单独讨论为好。当然了，若没有考虑到受虐一方的人格，我们就不知道这种关系到底是怎么回事。他往往是屈从型的人格，害怕被抛弃，要么就是一直在深深地压抑自己的虐待倾向，被搞得很无助——这一点我们稍后会提到。

在这种情况下，一种相互依赖的关系自然就产生了，这种关系不但会让受虐一方心生愤恨，更会让施虐一方这样。若后者提出想一个人静一静，他就会特别恨对方，说人家总是让他操心，占用他的精力。他并不知道这种痛苦的关系正是他造成的，就责怪对方太粘人了。这个时候，他想摆脱这种关系，其实是恐惧和愤恨的一种表现，也是威胁对方的一种手段。

一个人想虐待对方，其实有时候并不是为了让对方当奴隶。玩弄对方的感情也是一种目的，可以从中获得满足。瑟伦·克尔凯郭尔的小说《诱奸者日记》中就写过这样的一个人：此人对生活无所求，只是玩弄女性的感情就让他很满足。

他知道什么时候该对女人热情，什么时候该冷漠。他很善于预见和观察女人对他的反应，在这方面极度敏感。他知道用什么样的办法勾起、压抑女人的性欲。但他的敏感只限于玩这种虐待游戏，完全没有意识到他这么干会对女方造成什么样的伤害。克尔凯郭尔小说中写的这个人在想勾引女人的计策的时候是有意识的，在施行的时候却往往是无意识的。同样的游戏可见于下列情况：先把对方勾引到手，再把对方甩了；先用美貌勾引对方，再把丑陋的一面展示出来让对方失望；先抬高对方，再贬低对方；先让对方快乐，再让对方痛苦。

第三个特点是利用对方。其实利用对方并不算是虐待倾向，有可能只是为了获得什么东西。虐待狂虐待对方也可能是为了获得什么东西，但这种东西往往是虚幻的，并且跟投入完全不成比例。对虐待狂来说，利用别人只是一种本来就应该有的激情。重要的是占了别人的便宜之后的那种快乐的心情。虐待的特点也表现在利用别人的手段上。对方总是直接或者间接地满足他越来越多的要求，若没能满足他，就会觉得很愧疚、很丢人。虐待狂总能找到证据，说对方对他不好，没能让他满意，因此会变本加厉地向对方提要求。易卜生（Ibsen）在《海达·高布乐》（*Hedda Gabler*）中就说过，就算这些需求都满足了，虐待狂也绝不会高兴，还说这些需求背后是一种伤人的、控制人的欲望。这些需求可能与物质、性要求或者建立事业所需的帮助有关，也可能是让对方特别关心一下自己，只爱自己一个人，永远包容自己。这些要求当中没有什么特别的虐待倾向，唯一能称得上虐待的是虐待一方用一切可以利用的手段填补自己心灵上的空虚。海达·高布乐总在抱怨，说自己太闷了，想要刺激和兴奋，便是对这种状态的一种很好的描述。像吸血鬼那样，贪得无厌地索取对方的感情，通常情况下是完全无意识的。但这很可能是利用别人的根源和已经表达出的需求汲取营养的土壤。

一方面想利用别人，一方面又想激怒别人，意识到了这一点，利用的本质就越来越清楚了。虐待狂从来没想着要付出什么，这么说是不对的。在某些特定的情况下，他甚至可以是很慷慨的。虐待狂的一个特点不是吝啬，不是不愿给予对方什么东西，而是一种虽说无意识却更积极的打败对方的冲动——扼杀对方的快乐，毁灭对方的期待。对方露出了一丁点的满足或者轻松的神色，都会让他勃然大怒，迫不及待地想用某种手段将其毁掉。若对方想见他，他会变得很生气。若对方想和他做爱，他会变成性冷淡。积极的事他可能一件都不愿意做或者没有能力做。他浑身散发着黯淡的光，俨然一个抑郁症患者。引用阿尔多斯·赫胥黎（Aldous Huxley）的一段话："他可以什么都不做，保持目前的状态就行了。他们受了感染，萎缩变黑了。"稍后又说："意志的力量打磨得好精致啊，残酷真的是一件好优雅的事！那种传染性的阴郁是多么惊人的一种天赋，就连最高的兴致都能毁灭，连快乐的任何一点可能性都能杀死。”

下面这一点也很有意义：虐待狂总喜欢贬低、羞辱别人。他目光如炬，总能看到别人的缺点，发现别人的弱点并指出来。他有一种直觉，知道别人对什么敏感，打击别人哪一点最容易让人家受伤。他放肆地使用这种直觉，大肆贬低、批评别人。他这么做，若是出于诚实或者想帮助别人还是可以理解的。他总在怀疑别人是不是出色或者品行端正，为此饱受困扰——不过若他的这种真实的疑虑受到对方怀疑，他就会马上陷入慌乱。他的这种态度可以表现为单纯的质疑。他会说：“我要是相信那个人就好了！”可他在梦里早就把对方想的一无是处了，梦到人家是蟑螂，是老鼠，这样的话怎么才能让他相信人家！换句话说，怀疑只是心里贬低别人造成的一个结果。若虐待狂没有意识到自己的这种贬低别人的态度，就只能意识到对别人的这种怀疑了。他的这种态度与其说是一种倾向，倒不如说是爱吹毛求疵。他不但会拿着探照灯在别人身上找毛病，还会很极其巧妙地把自己的缺点外化，说人家有毛病。比如，他做了什么事，让别人痛苦了，就会马上留意到别人的反应，甚至鄙视人家感情不稳定。若对方受了他的羞辱，没有对他坦白相告，他就会责怪人家有事不跟他说或者说人家撒谎。他会怪对方依赖他，其实这种状况还不是他一手造成的？这种伤人的行为可不只是说说，还会用实际行动表现出来。羞辱人家，做爱的时候贬低人家，都是这种态度的表现。

当虐待狂的这些冲动没有获得什么效果，或者当局面反转过来他觉得自己被对方控制、利用、嘲笑了，几乎就会火冒三丈。然后，他在想象中会觉得用什么样的残忍手段报复对方都不为过：他可能会踢人家、打人家、把人家碎尸万段。这种阵发性的狂怒反过来也可能受到抑制，让他陷入严重的慌乱或者让他身体上出什么问题，这说明他内心的紧张程度加剧了。

那么这些倾向的意思是什么？是什么样的内心的需要让一个人变得这么残忍？虐待倾向是性变态的表现这种说法完全没有事实根据。它们的确可以表现在性行为中。在这种情况下，它们就跟下面这条普遍规律没有任何分别了：我们的一切态度肯定会在性的范围内清晰地表现出来，正如在我们的工作方式、走路的姿态和笔迹中表现的那样。很多的虐待行为往往伴随着某种兴奋，或者如我反复说的，伴随着一种沉溺式的激情。兴奋得浑身颤抖或者很兴奋（虽然实际上并没有这么强烈）本质上与性有关这种结论，也只有在下面这种假定的基础上才能站得住脚：每一种兴奋本质上都和性有关。但是没有充足的证据证明这种假定是正确的。从现象学上说，虐待别人的兴奋和性的狂热这两种感觉在本质上完全不同。

虐待性的冲动是婴儿期虐待倾向的延续这种说法，对下面这类小孩子有一定的影响力：经常虐待小动物和比他还小的孩子，而且这类孩子显然从这种行为中获得了极大的兴奋。说到这种表面上的相似性，一个人可能会说成人的虐待行为只是小孩子的初级残忍行为的一种“提炼”。其实，成人的虐待行为不只是一种提炼：它有着不同的特点。我们已经看到，成人虐待行为中的那种很明显的特点在小孩子的那种直来直去的虐待行为在其中是看不到的。小孩子实施的残忍行为好像只是对受了压制或者羞辱所做出的一种相对简单的反应。他信誓旦旦地对自己说，要狠狠地报复那些比他弱小的孩子。特殊的虐待倾向更加复杂，根源也更为复杂。另外，正如每一次都想把成年后的某种怪癖直接归结为儿时经历，这次同样没有回答一个至关重要的问题：导致残忍行为持续全面发展的因素是什么？

上述每种假定关注的只是虐待狂的一个方面——性行为和残忍行为中的虐待倾向——可是就连这一个方面也没说清楚。埃里克·弗罗姆的解释也犯了同样的毛病，虽然他解释得比别人离本质要近一些。弗罗姆指出，虐待狂并不想毁掉和他有亲密关系的受虐者，缺了对方他活不下去，只好利用对方。这种说法无疑是正确的，却还不足以解释虐待狂为何非要损害对方的生活，而且为何非要用特定的方式损害。

若我们把虐待狂视为神经症的一种症状，刚开始研究的时候，也得像以前那样，先把虐待狂的人格结构弄明白。从这个角度处理这个问题，我们就会看到，在每一种明显的虐待倾向背后都有着一种深深的无能感，也就是一个人觉得自己在生活中完全是个废物，一点本事也没有。诗人在很久以前就凭直觉感知到了这种隐秘的情况，而现在我们还在用刺激性的医学手段探索。《海达·高布乐》和《诱奸者日记》这两本书中提到的那两个例子说明，一个人想让自己有所成就或者让生活过得好一些几乎不可能。若一个人在这种情况下还无法让自己屈从命运的安排，肯定会变得出离愤怒。他觉得自己被抛弃了，被彻底打败了，这辈子完了。

因此他就开始恨生活，恨生活中的一切积极的东西。但他的这种恨是嫉妒性的恨，是渴望某种东西而不得的那种恨。他觉得生活不管他，飞快地流逝了，于是嫉妒的火气混合着愤恨一下子就起来了。尼采把这种状态称为“Lebensneid”（愤恨）。他不知道别人也有别人的苦：他在饿肚子，“他们”却踏踏实实地坐在餐桌旁；“他们”爱别人也被别人爱，有创造力，会享受，觉得很健康，很闲适，在生活中有属于自己的位置，而他屁都不是。看到别人那么快乐，看到别人用那么“幼稚”的方式渴望快乐和舒适，他的火气顿时就冒上来了。他不快乐，不自由，他们怎么可以这样？借用陀思妥耶夫斯基（Dostoevski）《白痴》（*Idiot*）中的话，他们这么快乐，他绝不会原谅他们。他得把别人的快乐毁掉。他的这种态度在下面这个故事中描述得很形象：一个老师，得了肺结核，时日无多，便在学生们的三明治上吐痰，而且很激动地想用自己的力量毁掉他们。这就是一种严重的报复性的嫉妒行为。虐待狂毁掉别人快乐心情的倾向通常来说是无意识的，但目的和那个老师的一样邪恶：让别人分担自己的痛苦；若别人也像他那样变成了一个一无是处的卑鄙小人，他就会觉得现在不只我一个人混得这么惨，他的痛苦就会减轻。

嫉妒一点一点地啃噬他的心，他用的另外一种缓解嫉妒的方式就是“吃不着葡萄说葡萄酸”，他把这种手段运用得炉火纯青，就连经验丰富的观察者也会被他轻易骗到。事实上，他把嫉妒埋到了心中深不见底的地方，若有人对他说他有嫉妒心，他就会嘲笑人家。他总去看生活中痛苦、沉重或丑陋的一面，这不但是他自己痛苦的一种表现，更说明他对证明下面这件事更感兴趣：一切都逃不过他的眼睛。他总是吹毛求疵，总在贬低别人，部分原因可能就是这个。比如，他会在纸上记下一个漂亮女人身上某个不完美的地方。进屋的那一刻，他最先看到的是某种颜色或者某件家具与其余的颜色或者家具不相配。一场演讲，做得很出色，可他非得从中挑出某个瑕疵。同样的道理，无论别人的生活、人格或者可能的动机中有什么不对的地方，他总会在心里把它放大。他若是老谋深算，就会说他之所以总是这么看事情，是因为他对不完美敏感。但事实上，他只是把探照灯对准了这些东西，别的东西他不去看，依然隐没在黑暗中。

虽然嫉妒减轻了，愤恨也减少了，但他贬低别人的态度反过来刺激了新的感觉的出现，这就是失望和永不满足。比如，他若有孩子，首先想到的就是养孩子的难处和责任；他若没有孩子，就会觉得他被剥夺了这种最重要的人类体验。他若没有性生活，就会觉得被剥夺了这种权利，还会担心禁欲的坏处；他若有性生活，就会觉得被性爱羞辱了，从而让他以做爱为耻。他若有机会去旅行，就会因为旅行的种种不便而烦恼；他若是没有机会去旅行，就会觉得闷在家里很丢人。他并没有想到他做什么事都不满足的根源就在他的心中，因此就觉得有权让别人感觉到他们让他很失望，有权提出更高的要求，可是就算别人满足了他的高要求，他也绝不会满意。

充满仇恨的嫉妒、贬低别人的倾向以及由此造成的永不满足，在某种程度上可以为某些虐待倾向提供解释。我们知道了虐待狂为何总想着挫败别人、让别人受苦、挑别人的毛病以及贪得无厌地向别人提要求。不过，只有我们考虑到他的绝望对他同自我的关系影响，才能理解他的破坏性的程度以及他自以为是的态度。

他毁掉一个人最基本的尊严的同时在自己心中孕育了一个特别高贵、特别高尚的理想化的形象。他就是我们以前提过的那种人：没有希望达到如此高的标准，就有意识或者无意识地尽可能让自己做一个“恶棍”。做恶人，他有可能成功，或许还能从中获得一种绝望的快感。不过，这么做的话，那个理想化的形象和真实的自我之间的距离就越拉越大，再也没有连结的可能。他觉得自己没救了，再也无法原谅。他的绝望越来越深重，索性破罐子破摔。只要这种状态一直持续下去，他就无法用积极的态度面对自己。若有人跟他说，想让他用积极的态度生活，结果肯定会一无所获，因为这说明这个人对他的状况一无所知。

他讨厌死自己了，看都不肯看自己一眼。他得披上一件早已存在的自以为是的盔甲，以抵御对自己的这种态度的侵扰。别人就说了他两句，稍微忽视了他，或者没有特别认同他的观点，他就会马上鄙视自己，为了避免受伤，只能把别人这么对他视为不公正。因此他会把他对自己的鄙视外化，转而去怪罪、嘲笑、羞辱别人。然而这样他进入了一种痛苦的恶性循环。他越瞧不起别人，就越无法意识到他对自己的鄙视——他越绝望，他对自己的鄙视就会越暴烈、越无情。然后，攻击别人就成了自保的一种手段。这种手段我们在前面已经用实例说过了：总说自己的丈夫做事犹豫不定的那个女人，那个意识到自己身上也有同样的毛病、真想把自己撕成碎片的女人。

这样我们就慢慢开始懂了虐待狂为何非得贬低别人不可。而我们现在也明白了他那强迫性的、往往过于热情的改变别人或者至少改变其伙伴的冲动的内在逻辑。他自己无法达到他的理想化的形象的要求，就只能强迫伙伴这么做；若伙伴在这方面有一丁点的失败，他就会把对自己的无情的火气发泄到伙伴身上。他有时会这样问自己："我为什么不放开他，让他一个人去做呢？"可谁都能看得出来，若他的内心的冲突没有解决，仍在以外化的形式出现，看上去如此合理的一个想法就一点作用也没有。他常把给伙伴的压力说成是"爱"或者关心伙伴的发展。不用说，这根本不是爱。同样，根据他心里想的，也不是关心伙伴的发展。其实，他这是在强迫伙伴实现他自己（虐待狂）无法实现的目标——他那个理想化的形象。他用来抵御自我鄙视的自以为是的态度让他在这么做的时候有一种自鸣得意的信心。

懂了这种内心的冲突，我们就能对虐待症状固有的一个更普遍的因素——像毒药一样常常渗透虐待狂人格的每一个细胞的报复性——有更深的理解。他不报复别人就受不了，因为他把对自己的极端鄙视外化了。正因为他的自以为是让他看不到他在每一种出现的困境中所起的作用，他就只能认为那个应该受到责骂和伤害的人就是他自己；正因为他看不到他的所有的绝望源于他的内心，他就只能把罪责推到别人身上。他们毁了他的生活，他们必须做出补偿——他们必须得到应有的惩罚。正是这种报复心，而不是别的因素，把他心中的一切同情和仁慈统统扼杀掉了。他为何要同情那些毁掉他生活的人（而且这些人比他过得好）？在报复某个人时，这种报复的欲望可能是有意识的，比如报复父母。然而，他没有意识到的是，这是一种渗透性的人格倾向。

说了这么多，我们已经看到，虐待狂就是这样的一种人：自认为被整个社会抛弃，这辈子注定一事无成，因此大发火气，把愤怒撒在别人身上，盲目地报复别人。而我们现在也已经明了，他之所以让别人痛苦，就是为了减轻自己的痛苦。但这并不足以解释一切。只是破坏性的倾向并不能解释很多虐待狂所具有的那种沉溺式的虐待激情。对于虐待狂来说，肯定还有更多的好处，更多的十分重要的好处让他总想这么干。这种看法好像与虐待是绝望的结果这种臆断相矛盾。一个绝望的人怎么可能再去渴望并追求某种东西呢？而且还要如此费力地去追求？然而，站在一种主观的立场看，他从中能获得的好处还真不少呢。他贬低别人，不但减轻了让他感到无法忍受的自我鄙视，更让他有了一种高高在上的感觉。他调教别人，不但获得了一种让他兴奋的掌控感，更为他的生活找到了一种替代性的意义。他在感情上利用别人，不但给了自己一种替代性的感情生活，更减弱了他的沉闷感。他打败了别人，就觉得很得意、很兴奋，这又使他避免被自己的绝望打败。对报复性的胜利的渴望很可能就是他最强大的动力。

他的一切的追求也是为了满足他对极度兴奋和刺激的渴求。一个人，若身体健康，内心平衡，是不会追求极度兴奋和刺激的。一个人越成熟，就越不在乎这些东西。但虐待狂的感情生活是空虚的。除了愤怒和得意，别的感觉都被他扼杀了。他犹如行尸走肉，需要这些极度的刺激和兴奋让他觉得自己还活着。

最后一点却不是最不重要的一点，是虐待狂在同别人打交道时会给予他一种强大、自豪的感觉，而这些感觉又增强了他那种无所不能的感觉。患者在接受精神分析诊治的过程中态度会发生深刻的转变。他最初意识到这些改变时，很可能会用一种批评性的态度看待它们。但他对它们的暗示性的批评并非真心实意，而是一种对现有行为标准的口头承诺。他可能每隔一段时间就会鄙视一下自己。然而到了最后，他就要放弃这种虐待性的生活方式的时候，才会猛然意识到自己竟失去了某种十分宝贵的东西。然后，他在用随心所欲的方式同别人相处时，可能会第一次有意识地体验到那种很快乐的感觉。他会表现出担忧，否则精神分析医生就会把他看作一个懦弱无能的卑鄙小人。然后，正如在精神分析诊治过程中经常发生的那样，患者的担忧变成了一种主观臆断：他若失去了让别人满足他情感之需的能力，就会觉得自己是一个可怜虫。然后，他会意识到他从虐待别人当中获得那种强大和骄傲的感觉其实只是一种可怜的替代品。这种东西在他看来之所以珍贵，就是因为他无力获得真正的强大和骄傲。

弄懂了这些好处的本质，我们就会明白：一个绝望的人可能会疯狂地寻找某种东西这个论断是不矛盾的。不过，他想找到的并不是更多的自由或者更大程度上的自我实现：构成他的绝望的始终未变，他也没指望着能变。他追求的是替代品。

情感上的所得源于替代性的生活。虐待意味着通过别人让自己过一种攻击性的、极具破坏性的生活。不过这样的生活只有那些失败得一塌糊涂的人才可以过。他追求个人目的时所持有的那种不管不顾的态度就是因为绝望而生的。他已是一无所有，只能有所获得。从这个意义上讲，虐待狂的努力有着一个积极的目标，并且必须被视为一种修复性的尝试。虐待狂如此热烈地追求这个目标，是因为战胜了别人之后，可以消除掉自己的那种可怜的失败感。

然而，上述努力固有的破坏性的因素必然会对个人造成影响。我们已经说过，这会让一个人更加鄙视自己。另外一个同等重要的影响，是会导致焦虑的产生。在某种程度上讲，这是一种对以牙还牙的恐惧：他害怕他怎么对人家，人家就怎么对他——或者他想怎么对人家，人家就怎么对他。在他看来，与其说这是一种恐惧，倒不如说是一种想法，即想当然地认为别人会“暴揍他一顿”，如果别人有这个能力的话——也就是说，在他偶尔走神、防备松懈的情况下。他必须时刻保持警惕，预见到并预先阻止任何的攻击，而实际上，他并不会受到这些攻击的伤害。自认为刀枪不入的这种无意识的确定性的想法往往发挥着重要的作用。这让他有了一种威严的安全感：他永远不会受到伤害，永远不会暴露，永远不会发生什么不测，永远不会得病，也永远不会死去。尽管这样，若他还是受到了别人或者环境的伤害，他的这种虚假的安全感就会被击得粉碎，而他本人也有可能会陷入极度的慌乱。

从某种程度上讲，他的这种忧虑其实是对心中爆炸性、破坏性因素的一种恐惧，他觉得自己身上仿佛捆着一个炸药包，就要爆炸了。扼杀掉这些危险的因素，需要保持过度的自控和警惕。他喝酒的时候，在酒精的作用下，他就不那么害怕了，从而放松了警惕，这些因素就有可能浮现出来。然后，他就有可能变得暴怒，做一些破坏性的事。在某些特定的、在他看来代表着诱惑的条件下，他有可能会意识到这些冲动。左拉（Zola）的《人面兽心》（*Bete Humaine*）中说的那个虐待狂，在被一位姑娘攻击之后，就变得极度恐慌，因为这激起了他杀死她的冲动。目击到什么不测事件或者残酷的行为，也会让他受到恐慌的袭击，因为这唤醒了他那破坏性的冲动。

这两种因素——自我鄙视和焦虑——主要造成了虐待冲动的压抑。压抑的彻底程度和深度各异。破坏性的冲动往往不被患者察觉。一般说来，令人吃惊的是，很多的虐待行为在患者没有察觉的情况下就已经发生了。他只能意识到偶尔出现的虐待弱者的冲动，读到描写虐待行为的文字时会兴奋，或者有一些很明显的虐待幻想。但这些偶尔发生的昙花一现的事彼此间都是孤立的。他在日常生活中对别人做的大部分的事多半是无意识的。他对自己和别人的感觉的麻木是让这个问题变得模糊不清的一个因素，只有解决了这一点，他才能意识到自己的行为。另外，他常常想出各种理由掩盖自己的虐待倾向，他掩盖的技术十分高超，不但把自己骗了，也把受他影响的人骗了。我们千万不要忘了虐待倾向是严重的神经症的最后一个发展阶段。因此，患者采用何种理由掩盖自己的虐待倾向要取决于虐待倾向的源头——特定的神经症结构。比如，屈从型的人，就会在无意识的假装爱伙伴的前提下奴役对方。他有什么需要，就有什么要求。因为他如此无助、如此焦虑或者病得如此厉害，伙伴就得为他做事。因为他忍受不了孤独，伙伴就得时刻陪着他。他责怪别人也不直接说，而是用间接的方式无意识地表明别人怎么怎么对他不好。

攻击型的人毫不掩饰地表现虐待倾向——然而这并不意味着他就是有意识的。他毫不犹豫地表达不满、讥讽和需要，不但觉得这么做完全正当，更觉得自己是一个坦白直率的人。他还会把对别人的不敬以及利用别人的事实外化，对别人说一些模棱两可的话，说人家对他不好，借此威胁人家。

唯独孤立型的人用温和的方式表现虐待倾向。他不声不响地就把别人打败了，他保持着一种随时撤离的姿态，暗示对方约束或者打扰到了他，把别人搞得很没有安全感，他自己却因为把别人搞得像傻瓜一样而暗自欢喜。

但虐待的冲动可以被压制得更深，然后突然爆发，用颠倒的虐待形式表现出来。这是因为患者害怕死了自己的虐待冲动，便竭尽全力地阻止它们暴露在自己或者别人面前。只要是类似于断言、攻击或者恶意的东西，他都会离得远远的，结果他的虐待倾向就被深深地、毫无保留地压抑起来了。

简单说一下这么做的影响。竭力不去奴役别人会无法发号施令，更别提承担责任或者担任领导职位了。这会让一个人在发挥影响力或者给别人提建议时过于小心谨慎。这么做就连最合情合理的嫉妒心态也会受到压制。一位训练有素的观察者会注意到，患者但凡碰到了什么不如意的事，就会出现头痛、肠胃不舒服或者其他的病症。

竭力不去利用别人会暴露出自我轻视的倾向。它表现为不敢表达任何的愿望——甚至不敢有愿望；不敢反抗虐待，甚至不敢让自己有被虐待的感觉；总是觉得别人的期待和需要比自己的更合理、更重要；宁可被人利用，也不愿维护自己的利益。这样的人陷入了一种进退两难的境地。他既害怕他利用别人的冲动，又鄙视自己不敢说话（他认为这是一种懦弱）。当他被人利用时——这样的事自然会发生——就会被困在两难的境地，他的反应可能是抑郁，也可能是某些机能障碍。

同样的道理，他不去挫败别人，反倒会过于担心是不是会让人家失望，于是就变得体贴、大方。只要一想到某件事可能会伤害别人感情或者羞辱别人，他尽量都不去做。他会凭靠直觉专门找一些“好听”的话来说——比如一句能够增强别人自信的赞美的话。他总会不由自主地责怪自己，嘴里有说不完的“对不起”。非得批评别人不可时，他也只会用最温和的方式来说。即便别人粗暴地对待了他，除了“理解”，他再也不会别的表现。但与此同时，他对羞辱极度敏感，为此吃尽了苦头。

虐待冲动受到深深的抑制，就会搞一些玩弄感情的游戏，这种行为会让一个人觉得自己一点魅力也没有，一个人也吸引不来。这样他可能就会真正认为——虽然往往是在有充足的证据证明事实并非如此的情况下——自己缺少吸引异性的魅力，只能满足于别人玩剩下的烂货色。我们在这里说的这种低人一等的感觉，就是患者意识到的东西，只不过换了一种说法，简单来说，就是对自我鄙视的表现。但在这里重要的一点是：他觉得自己没有魅力这种想法，可能是在无意识地远离那种“先征服再丢弃”的刺激性游戏的诱惑。在接受精神分析诊治的过程中，医生可能会慢慢地看清楚，患者在无意识中早已歪曲了他的整个情爱关系的情况。然后，一种奇怪的变化就发生了：“丑小鸭”意识到了自己吸引人的欲望和能力，但是一旦在别人严肃对待他的挑逗时，他就会用愤怒和鄙视抗拒他们。

由此产生的人格结构情况具有欺骗性，且难于做出评判。它与屈从型人格有着惊人的相似性。事实上，公然的虐待狂通常属于攻击型人格，而倒错虐待狂则一般首先表现出屈从的倾向。两者的相似之处在于：小时候，他受过极其粗暴的虐待，并且被迫屈服。他可能会歪曲自己的感情，不去反抗压迫自己的人，反倒去爱他。随着年龄的增长——也许在青春期前后——这种冲突变得让他无法忍受，他便在孤独中寻求庇护。但面对失败，他再也无法忍受象牙塔的孤独状态。然后，他好像退回到了以前的依附状态，只有一点不同：他对关爱的渴求变得如此强烈，以至于愿意付出任何代价逃避孑然一身的处境。与此同时，他得到关爱的机会越来越少，因为他对孤独的要求——现在依然存在——不断干扰他与别人亲近的欲望。他被这场斗争搞得筋疲力竭，丧失了希望，就产生了虐待他人的倾向。但他仍然需要他人的关爱，所以不但要压抑自己的虐待倾向，还要把这种冲动竭力掩盖起来。

在这种情况下，与人相处就成了一件很痛苦的事——虽然他可能没有意识到这一点。他显得矫揉造作而羞怯。他必须不断扮演与自己的虐待冲动相反的角色。他自然觉得自己是在爱别人，在接受精神分析诊疗的过程中，当他猛然意识到他对别人几乎没有感情或至少很不确定他的感情是什么时，便会大吃一惊。此时，他有可能会把这种显然的缺乏感情看作一个无法改变的事实。但实际上，他只是在抛弃他对别人怀有良好感情的假象，无意识地宁可放弃所有的感觉，也不正视自己的虐待冲动。只有在他认识到了这些冲动并开始克服它们时，他对别人的良好感情才能开始形成。

然而，在训练有素的观察者看来，这种情况中的某些因素暗示出了虐待倾向的存在。首先，我们可以看出，他总在用某种不易察觉的方式威胁、利用、挫败别人。他往往有一种可以感知到却无意识地对别人的鄙视，并很肤浅地把这种鄙视归结为别人比他卑劣。另外，他身上有些不协调的东西可以说明他存在虐待倾向。比如，他有时会以显而易见的无限耐心忍受别人对他的虐待，而有时又会对自己所受到的最轻微的控制、利用和屈辱显得极度敏感。最后，他给人一种“受虐狂”的印象——也就是说，沉溺在一种甘愿受虐待的感觉中。但由于这个术语及其背后暗含的观念有误导作用，我们最好不要用它，只描述相关的因素。倒错的虐待狂受到深度压抑，不敢坚持自己的权利，这让他在任何情况下都愿意被粗暴对待。但另一方面，他对自己的软弱深感不安，因此实际上常常被公开的虐待狂吸引，即欣赏又讨厌他们——正如后者能够感觉出他是一个甘愿受虐的人，从而也被他吸引一样。这样他就给了别人利用、打败和羞辱他的机会。然而，他根本不喜欢被虐待，只能自食苦果。这种生活所给予他的是一种通过别人实现他的虐待冲动的机会，这样他就无须面对自己的虐待倾向了。他觉得自己纯洁无瑕，充满正义感——但同时希望有朝一日能战胜那个虐待他的伙伴。

弗洛伊德注意到了我说的这种情况，却用毫无根据的推理毁掉了他的发现。为了让这些发现与他的整个哲学框架相切合，他认为，这些发现证明，无论一个人表面上有多优秀，其本性都是破坏性的。实际上，这种状况正是某种特定神经症的特定产物。

有人认为虐待狂是性欲倒错者，有人则用复杂的术语称其为卑鄙小人，我们正是从研究这些观点中有了很多收获。性错乱行为相对罕见，出现时，也只是表明了患者对别人的一种总体的态度。破坏性倾向的存在不可否认，但理解了之后，我们就会看到，在显而易见的残酷行为背后还隐藏着一个受苦的人。认识到了这一点，我们就有可能通过治疗手段对这样的一个人施加积极影响。我们发现他正在绝望中挣扎，生活击败了他，他想得到一些补偿。

结论　神经症冲突的解决

我们越是认识到神经症冲突对人格造成的无限伤害，就越是迫切需要真正解决它们。但是，正如我们现在所了解的那样，这既不能靠理性的决定，也不能靠逃避，更不能靠意志的力量来解决，我们该怎么做？只有一个方法：冲突只能通过改变人格中导致冲突出现的那些条件来解决。

这是一种激进的方式，也是一种艰难的方式。考虑到改变我们内心的任何东西都有困难，我们想寻找捷径是完全可以理解的。也许这就是为何患者——还有别的人——经常会问：一个人看到自己的基本冲突就够了吗？答案显然是否定的。

即便精神分析医生——在精神分析诊疗的过程中很早就意识到了患者内心的分裂程度——能够帮助他认识这种分裂，这种洞悉也不能起到立竿见影的效果。它可能会带来某种安慰，因为患者开始看到了他的麻烦的一个有形的原因，而不仅仅是迷失在一片神秘的迷雾中；但是他并不能把它应用到生活中。虽然他感知到了自己内心的不同部分是如何发挥作用以及相互干扰的，但这丝毫没有减轻他内心的分裂程度。他听到这些事实，就像一个人听到一则陌生的消息；这似乎是有道理的，但他不能认识到它和自己有何关系。他必然会通过多种无意识的内心保留令其丧失作用。他会无意识地坚持认为精神分析医生夸大了他的冲突；若不是外界环境的影响，他的病早就完全好了；爱或者成功会让他摆脱掉痛苦的纠缠；他可以通过离群索居避开冲突；虽然对普通人来说，无法做到一人侍二主，但他凭借自己无限的意志力和智慧能够做到这一点。或者，他会觉得——又是无意识的——精神分析医生是个江湖骗子或心怀善意的傻瓜，假装自己干这一行很快乐；他应该知道患者已经无可救药了——这意味着患者会用自己的绝望感回应精神分析医生的建议。

由于这种内心保留指向这样一个事实，即患者要么坚持自己解决问题的特殊的尝试——这些尝试对他来说比冲突本身更真实——要么对康复完全丧失了信心。所以，作为精神分析医生，必须先要搞清楚患者所做的一切努力及其后果，才能有效地解决基本冲突。

寻找捷径引发了另外一个问题，这个问题由于弗洛伊德对遗传的强调变得更加重要：这些相互冲突的动力——一旦被认识到——把它们和它们的起源以及童年时的早期表现联系起来思考是否就已经足够了？答案同样是否定的——理由和我上面说的差不多。即便患者把自己的童年经历都回忆起来了，他的病情也几乎不会有任何改善，只能是让他对自己采取一种更加温和、更加宽容的态度。而这并不能让他目前冲突的激烈程度减少一分。

全面了解早期环境的影响及其对儿童人格造成的改变，虽然没有什么直接的治疗价值，却对我们探究神经冲突产生的条件有一定影响。毕竟，正是他与自己以及别人的关系的变化，才导致了最初的冲突。我在以前出版的著作以及本书的前几章中已经描述了冲突的产生。简单地说，一个孩子可能会发现自己处于一种内心自由、自发性、安全感以及自信——简言之，就是精神存在的核心——受到威胁的环境中。他感到孤立无助，因此，第一次试着与别人交往，并不是由他的真实感受决定的，而是由战略需要决定的。他不能简单地喜欢或不喜欢、信任或不信任、表明自己的意愿或反对别人的意愿，只能想办法对付别人，以对自己最小的伤害同别人周旋。用这种方式形成的人格的基本特征，可以概括为一种与自我和他人的疏离、一种无助感、一种普遍的恐惧，以及人际关系中的一种从普遍的谨慎到特定的仇恨的敌对性紧张。

只要这些条件继续存在，神经症患者就不可能摆脱相互冲突的内驱力。相反，在神经症的发展过程中，由此产生的内心需要会变得更加强烈。虚假的解决办法在他同自己以及别人的关系中增加了干扰这个事实，意味着真正的解决变得越发难以实现。

因此，治疗的目的只能是改变这些条件。精神分析医生必须帮助神经症患者找回自我，意识到自己的真实感受和需求，培养自己的价值观，在自己的感受和信念的基础上同别人建立关系。若我们能用某种魔法实现这一点，甚至连碰都不用碰那些冲突，那些冲突就会马上消失。正因为没有魔法，所以我们必须知道应该采取什么步骤实现想要的改变。

既然每一种神经症——无论症状多么引人注目，看起来多么没有人性——都是一种人格障碍，治疗的任务就是分析整个的神经症人格结构。因此，我们把这种结构及其个体变化搞得越清楚，就越能精确地描述要做的工作。若我们把神经症看成一座建立在基本冲突之上的堡垒，那么精神分析工作就可以大致分为两个部分。一个是详细检查特定患者所做的一切无意识的解决冲突的努力，以及它们对他的整个人格的影响。这包括研究他的主要态度的一切含意、他的理想化的形象、他的外化作用等等，而不考虑它们与潜在冲突的具体关系。不过，若就此认为没有首先关注冲突就无法理解和研究这些因素，那就大错特错了，因为，虽然它们产生于患者协调冲突的需要，但患者是有自己的生命的，既肩负着重任，又能行使自己的权力。

第二个部分是处理冲突本身。这意味着不但要让患者意识到他的冲突的大体轮廓，更要帮助他弄清楚这些冲突是如何具体发挥作用的——也就是他的彼此不相容的内驱力以及源于这些内驱力的态度是如何在具体事例中相互干扰的：比如，一种因倒错虐待倾向的影响变得更加强烈的屈从的需要，如何阻碍他赢得一场比赛或者在竞争性的工作中胜过别人，而与此同时，他战胜别人的欲望令胜利变得不可或缺；或者源于多种因素的禁欲主义是如何与一种对同情、情感和自我放纵的需要相互干扰的。我们还得让他明白他是如何在两个极端之间来回穿梭的：比如，他是如何在过于严格要求自己和过于放纵自己之间交替的；或者，他对自己的外化的要求——或许在虐待冲动的影响下变得强烈了——是如何与他对无所不知和宽容一切的需求发生冲突的，结果，他是如何在谴责和宽恕别人所做的一切之间来回摇摆的；或者他又是如何在自认为享有一切权利和觉得自己没有任何权利之间不断改变看法的。

此外，这部分的分析工作还包括向患者解释其正在试图做出的一切不可能的融合和妥协，比如试图将自我与慷慨、征服与关爱、控制与牺牲相结合等等。作为精神分析医生，还应该帮助他准确理解他的理想化的形象、他的外化作用等是如何掩盖他的冲突，暂时缓解了冲突的破坏性力量。总而言之，这部分的分析工作就是让患者彻底了解他的冲突——它们对他的人格的总体影响以及它们对他的症状所负有的具体责任。

总的来说，患者在每个部分的精神分析工作中都表现出了一种不同的抗拒行为。在分析他为解决问题所做的努力时，他竭力捍卫他的态度和倾向中固有的主观价值，并且拒绝医生洞察其本质。在分析他的冲突时，他感兴趣的主要是证明他的冲突根本不是冲突，这就模糊和严重低估了他的特定内驱力彼此间真的不相容这个事实。

至于解决问题的顺序，弗洛伊德的建议是并且可能永远是最重要的。在把医学治疗中的有效原则应用于精神分析时，他强调指出，精神分析医生为患者诊疗时，无论采用何种方式，都要考虑到两个十分重要的因素：他的解释应该是有益的，而不应该是有害的。换句话说，精神分析医生必须时刻牢记的两个问题是：患者此时能承受某个特定的见解吗？某种解释是否有可能对患者有意义并让患者用一种建设性的方式思考？我们仍然缺乏明确的标准确定患者能够忍受什么，以及什么有助于激发他的建设性的深度思考。不同患者之间的人格结构差异太大，我们无法开出教条式的处方，何时对患者做出解释最为适当，但我们可以以下述原则为指导，直到患者的态度发生了某些特定的变化，某些特定的问题才能获得有效解决，且不会出现过度风险。在此基础上，我们可以指出几个总是适用的措施：

只要患者仍在专注追求对他来说意味着拯救的幻影，医生向他指出他的主要冲突就不会有任何用处。他必须首先看到，这些追求是徒劳的，会干扰他的生活。医生应该首先简明扼要地分析患者为解决自身冲突所做的努力，再分析他的冲突。我并不是说医生应该竭力避免提及任何冲突。这种方式需要多谨慎地施行，要取决于整个神经症结构的脆弱性。如果过早地向一些患者指出他们的冲突，他们就有可能陷入恐慌。而对另外一些患者来说，这种方式毫无意义，只会一滑而过，不会给他们留下任何印象。但从逻辑上讲，只要患者坚持自己的特定解决方案，并且无意识地依赖于这些解决方案，就不可能指望他会对自己的冲突多感兴趣。

另一个需要谨慎对待的是理想化的形象。若在这里讨论在哪些条件的影响下，理想化形象的某些因素能够在一个很早的阶段获得解决，那就离题太远了。然而，谨慎是明智的，因为理想化的形象在患者看来往往是唯一真实的部分。而且，更重要的是，这是能给予他某种自尊、使他免于陷入自我鄙视的唯一因素。患者必须首先获得一定的现实性的力量，才能容忍自己的形象受到损害。

在精神分析诊疗的早期阶段研究虐待倾向注定徒劳无功。部分原因在于，这些倾向与理想化的形象形成了极端对比。即使患者以后意识到了这些倾向，也会常常令他感到恐惧和厌恶。但是，把这种精神分析推迟到患者变得不再那么绝望、更加聪明时再做是有着一个更加明确的理由的：当他仍在无意识地确信替代性的生活是他唯一的选择时，他是不可能对克服自己的虐待倾向感兴趣的。

当精神分析医生的“适时解释原则”取决于患者特定的人格结构时就可以再次使用了。比如，在面对攻击型患者时——这类患者将感情贬低为软弱，称赞看上去一切有力的东西——

医生就应该首先分析他的这种态度及其所有含意。把他对人类亲密需求的任何方面放在首位都是错误的，不管这种需求对精神分析医生来说多么明显。患者会憎恨这种威胁到他安全的举动。他自认为必须时刻提防精神分析医生让他变成“伪君子”的愿望。他只有在变得坚强得多的时候才能忍受自己的屈从和自我鄙视的倾向。精神分析医生面对这类患者时，必须在一段时间内避免谈及绝望问题，因为患者很可能会拒绝承认这种感觉。对患者来说，绝望意味着令人厌恶的自怜，意味着可耻地承认失败。反过来说，若患者属于屈从型人格，在处理任何支配性或者报复性的倾向之前，与“亲近人”有关的一切因素都必须彻底解决。又如，若患者觉得自己是个天才或者了不起的情人，处理他的被鄙视和被抛弃的恐惧就完全是在浪费时间，而处理他的自我鄙视则更是徒劳。

有时，精神分析诊治之初能够处理的问题非常有限。这一点在高度的外化与僵化的自我理想化相结合的情况下——一种不容忍有任何缺陷存在的立场——表现得尤为明显。若某些迹象向精神分析医生揭示了这种情况，他就无须再向患者做任何解释了，即使是轻微地向患者暗示他的问题的根源就在于他自己，这样就节省了大量时间。然而，此时谈及理想化形象的某些特定方面是可行的，比如患者对自己提出的过分要求。

熟悉了神经症人格结构的动力，也能帮助精神分析医生更快、更准确地掌握患者与人交际时想要表达的东西，从而知道他在那个时候应该处理什么问题。他从看似无关紧要的迹象中想象和预测患者人格结构中的一个完整的方面，从而将他的注意力引向需要注意的东西。他面临的处境就像一位内科医生，当他得知患者晚上咳嗽、出汗、下午疲劳时，就会考虑肺结核的可能性，从而做到诊疗有据。

比如，若患者在其行为中表现出了歉意，对这位精神分析医生表现出了赏识的意思，并且在与人交往中表现出自谦的倾向，那么这位精神分析医生就会想象出与“亲近人”有关的一切因素。他会检查这是否可能会成为患者的主要态度；若他能找到更多的证据，就会从各个可能的角度进行研究。同样的道理，若一位患者反复谈论让其感到羞辱的某次经历，并表明他对精神分析也有类似看法，此时，精神分析医生就知道必须处理患者对于被羞辱的这种恐惧。他会选择当时最容易看到的恐惧来源向患者解释。比如，他可能会将这种恐惧与患者对其理想化形象的确认的需求联系起来，前提是患者已经意识到了该形象的某些部分。再比如，若患者在精神分析诊疗过程中表现出了惰性，说话时表现出了沮丧的意味，那么精神分析医生将不得不在目前尽可能的范围内解决他的绝望。若一开始就出现这种情况，他或许就只能指出它的意义——即患者已经放弃了自己。然后，他会试着向患者解释，他的绝望并非源于真实的绝望的情况，而是一个需要理解并最终解决的心理问题。若这种绝望出现在治疗后期，精神分析医生则可能会更具体地将其与患者因无法找到解决自身冲突的办法而产生的绝望，或者因无法达到自我理想化形象的标准而产生的绝望联系起来。

上述建议的措施，仍然为精神分析医生的直觉及其对患者病情的敏感留下了足够的空间。这些仍然是有价值的，甚至是精神分析医生应该竭力培育的不可或缺的手段。但是，对直觉的运用并不意味着这个过程只限于“艺术”领域，或者仅限于运用常识就足够的领域。对神经症人格结构的了解，使我们在此基础之上所做的推断更具科学严谨性，并使精神分析医生能够以准确、负责任的方式进行分析治疗。

然而，由于不同患者的人格结构存在巨大差异，精神分析医生有时只能通过尝试和犯错来进行诊疗。我说犯错，指的并不是把患者没有的动机强加到患者身上，或者没有抓住患者基本的神经症冲动这类严重错误。我想到的是一个非常常见的错误，也就是在患者还没有做好准备的时候就向他解释某些东西。严重错误虽说可以避免，但过早做出解释的错误总是不可避免的。然而，若我们能极其警觉地察觉到患者对某些解释的反应并据此指导我们的工作，就能更快地认识到这些错误。在我看来，人们似乎过于强调患者的“抗拒”事实——强调其接受或者拒绝某种解释——而忽视了其反应到底意味着什么。这种做法是遗憾的，因为此种反应的所有细节均表明，在患者准备好处理精神分析医生指出的问题之前必须做哪些工作。

下面这个例子可以说明这种情况。一位患者意识到，在与人相处时，只要对方对他有任何要求，他都会表现出极大的愤怒。就连最合理的要求也被他视作胁迫，最正确的批评也被他视作侮辱。与此同时，他自认为完全有权让别人为他做出牺牲，有权公然指责别人。换句话说，他认识到了自认为享有一切特权，却不愿给对方任何特权。他清楚地意识到，这种态度就算不会破坏他的婚姻，也一定会损害他的友谊。到目前为止，他在接受精神分析诊治的过程中一直表现得非常积极且收获颇多。然而，在他意识到他的态度造成的后果之后，就变得极其沉默了。他感到了轻微的抑郁和焦虑。少数的几次交往也似乎表明他有强烈的退缩倾向，这与他几个小时以前急于同一个女人建立良好关系形成了鲜明对比。退缩的冲动表明，一想到两个人要平等相处就让他觉得难以忍受：他在理论上接受了权利平等的观念，但在实践中拒绝了这一点。当他发现自己陷入了一种进退两难的境地时，就表现出了绝望的反应，而退缩的倾向意味着他在寻找解决的方案。当他意识到退缩毫无用处，并且发现除了改变自己的态度再无别的出路时，就开始对他为何不能接受平等相待这个问题表现出了兴趣。紧接着出现的交往表明，他在情感上只看到了非此即彼的选择，也就是要么占有一切权利，要么毫无权利。他说，他若让出一切权利，就永远不能为所欲为，而必须始终遵守别人的意愿。这反过来又为他的屈从和自我鄙视的倾向开辟了整个领域，虽然精神分析医生曾提及这些倾向，却从未全面深入地讨论过。由于种种原因，他的屈从和依赖倾向表现得如此强烈，以至于他不得不建立一套人为的防御体系，将一切权利夺为己有。在他的屈从仍是一种紧迫的内心需要时，放弃防护就意味着将自己视作个体完全淹没。精神分析医生先要处理他的屈从倾向，他才能考虑改变自己的武断解决方案。

从此书中所说的一切可以清楚地看出，一个人绝不可能只用一种办法就能把某个问题解释清楚，必须从多个不同角度反复加以讨论。这是因为任何一种单一的态度都源于各种各样的因素，并在神经症的发展过程中发挥着新的作用。比如，息事宁人和过度“忍受”的态度本来就是神经症患者对爱的需求的一部分，因此在处理这种需求时必须先处理好这种屈从的态度。当理想化的形象受到质疑时，必须重新审视这种态度。在这种情况下，息事宁人被视为患者自认为是圣人的一种表现。在讨论他的孤立倾向时，我们就会明白，这种态度也涉及到了一种避免与人产生摩擦的必要性。再有，当我们看到患者对他人的恐惧以及竭力压制自己的施虐冲动时，这种态度的强迫性就变得更加清晰了。在其他情况下，患者对强迫的敏感可能首先被视为一种源于其孤立倾向的防御态度，然后被视为一种对权力渴求的投射，最后还有可能被视为外化作用、内在强迫或其他倾向的一种表现。

精神分析过程中形成的任何神经症态度或者冲突都必须从其与整个人格的关系去进行理解。这就是所谓的透彻研究。它包括以下步骤：使患者意识到特定倾向或者冲突的所有公开和隐藏的表现，帮助他认识到其强迫性，并让他认识到其主观价值和有害后果。

当患者发现自己有神经症的某种特征时，往往会马上提出一个问题以避免医生对自己进行询问："怎么会这样？"无论他是否意识到了这种行为，都希望通过追溯问题的历史根源解决这个特殊的问题。精神分析医生必须阻止他逃回到过去，并鼓励他首先检查与此有关的因素——换句话说，就是熟悉这个特征本身。他必须知道它的具体表现方式、他掩盖它的方法，以及他自己对它的态度。比如，若患者对屈从的恐惧已经表现很明显了，他就必须看到他在多大程度上憎恨、害怕和鄙视自己身上存在的任何形式的自我谦避。他必须认识到他对自己进行的无意识的压制，目的是消除生活中一切屈从的可能性以及与屈从倾向有关的一切因素。然后，他就会明白，显然不同的各种态度都是为了这个目的；他让自己对他人的敏感变得麻木，结果无法意识到人家的感受、欲望或者反应；这让他变得非常不体谅人；他扼杀了自己对他人的喜爱之情以及被他人喜欢的欲望；他贬低别人的温和与善良；他不由自主地拒绝了别人的请求；在与人相处时，他觉得自己有权喜怒无常、吹毛求疵、提过高要求，却否定了对方的这些特权。或者，若医生关注到了患者的自认为无所不能的感觉，那么作为患者，只意识到自己有这种感觉还是不够的。他必须明白，从早到晚，他是如何为自己设定不可能完成的任务的；比如，他如何自认为应该可以用最快的速度就一个复杂的主题写出一篇出色的论文；他如何希望自己在疲惫不堪的情况下仍能做到文思泉涌、才智焕发；在精神分析诊治过程中，他如何希望刚瞥见一个问题，就能把它解决掉。

其次，患者必须认识到，他是被迫按照特定的倾向行事，虽然这不符合他的愿望或最大利益，而且往往与之相反。他必须认识到，这种强迫是不分青红皂白发挥作用的，通常不考虑实际情况。比如，他必须看到，他对朋友和敌人通常秉持吹毛求疵的态度；无论对方表现如何，他都会责备对方：若对方和蔼可亲，他便怀疑对方有负罪感；若对方坚持自己的权利，就是在独断专行；若对方屈服了，就是个懦夫；若对方喜欢和他在一起，就太随便了；若对方拒绝一切，就是个吝啬鬼等等。或者，若正在讨论这种态度是患者不确定自己是否被需要或者受欢迎，他就必须认识到，虽然存在一切相反的证据，这种态度却仍然存在。理解某种倾向的强迫本质，还包括识别患者对这种倾向受挫的反应。比如，若浮现出的某种倾向与患者对爱的需求有关，他就必须明白，一看到任何被拒绝或者友谊减损的迹象，无论这种迹象多么微不足道，都会让他感到失落和害怕。

第一步向患者展示了其特殊问题的严重程度，而第二步则使他意识到问题背后的力量有多么强大。两个步骤都激起了他进一步对自己进行检查的兴趣。

当涉及到考察某种特定倾向的主观价值时，患者本人通常会渴望主动提供信息。他可能会指出，他对权威或任何类似胁迫的东西的反叛和蔑视是必要的，而且实际上是救命性的，否则就会被专横的父母彻底压垮；在面对自尊受损的情况下，内心持有优越感曾帮助他或者仍然可以帮助他继续前行；他的孤立和“不在乎”的态度使他免受伤害。患者同别人的这种关系的确出于防御心理，但也揭示出了很多东西。它告诉我们，为何这种特殊的态度是首先获得的，从而向我们展示其历史价值，并让我们对患者的发展情况有更深的理解。但最重要的是，它能引导我们理解这种倾向当前的功能。从治疗角度看，这些功能都具有重大意义。没有哪种神经症倾向或者冲突仅仅是过去的残余物——可以说，这是一种习惯，一旦形成就会持续下去。我们可以确定的是，任何倾向或者冲突都是由现存人格结构的迫切需要决定的。仅仅知道为何某种神经症特征最先形成，只有次要价值，因为我们必须改变的是目前起作用的因素。

任何一种神经症倾向的主观价值，很大程度上都在于它能抵消掉某些其他的神经症倾向。因此，对这些价值的全面理解可以为在任何特殊情况下如何进行操作提供指导。比如，若我们意识到患者无法放弃他的自认为无所不能的感觉，因为这样可以让他把自己的潜力误认为现实，把自己的光荣计划误认为真实的成就，那么，我们就知道必须检查他沉溺于幻想的程度。他若让我们看到他这样生活是为了确保自己不受失败的影响，那么，我们的注意力就会转到那些导致他不但会预见到自己的失败，而且会让他不断惧怕失败的因素上去。

诊治过程中最重要的一步是让患者看到问题的另一面：他的神经症内驱力和冲突会造成失能性的后果。我们在前面的步骤中已经介绍了这种工作的某些部分，但全部情况都应说清楚，这是很重要的。只有这样，患者才能真正感觉到自己需要做出一些改变了。鉴于每位神经症患者都被迫维持现状，因此需要一种足够强大的动力来抵消阻碍的因素。然而，这种动力只能源于他对内心自由、幸福和发展的渴望，以及下面这种认识：每一种神经症问题都会阻碍他实现自我。因此，若他倾向于贬损性的自我批评，就必须看到，这么做是如何损害他的自尊、让他失去希望的；是如何让他感到自己不受欢迎，迫使自己遭受虐待，反过来又让他变得睚眦必报的；是如何让他丧失工作动力和能力的；为了避免陷入自卑的深渊，又是如何让他被迫采取了自我扩张、自我孤立以及自我虚构等防御态度的，从而让他的神经症永远存在。

同样的道理，在精神分析诊疗过程中，当某种特殊冲突变得明显时，医生必须使患者意识到它对患者生活的影响。在自我贬低的倾向与获胜的需要之间的冲突中，必须理解倒错虐待固有的一切束缚性的抑制。患者必须明白，他是如何用自我鄙视回应自己的每一次自我谦避举动的，是如何用愤怒回应自己奉承的那个人的；而另一方面，他又是如何以对自己的恐惧和遭到别人报复的恐惧回应每一次战胜他人的企图的。

有时候，即便患者意识到了一切不良后果，对克服这种特殊的神经症态度也不感兴趣。相反，这个问题似乎已经淡出了他的整个情况。他几乎不知不觉地把它推到了一旁，自己的病情却未有任何好转。由于他已经看到了他对自己造成的一切伤害，他的缺乏反应自然是很明显的。然而，除非精神分析医生非常敏锐地认识到了他的这种反应，否则患者缺乏兴趣这种行为可能就会被忽视。患者开始谈论另外一个话题，精神分析医生跟随着他，直到他们再次陷入类似的僵局。直到很久以后，精神分析医生才意识到，患者身上发生的变化与自己的付出不成比例。

若精神分析医生知道这种反应会偶尔出现在患者身上，他就会问自己，是什么因素在患者体内起作用，使他不能接受这样一个事实，即必须改变这种会造成一系列有害后果的特殊态度。这样的因素通常有很多，只能一点一点地解决。在绝望的侵害下，患者可能依然处于丧失行动能力的状态，无法想到改变的可能性。他想战胜精神分析医生，打败对方，这让他变成了一个大傻瓜，他的这种愿望可能比维护自身利益还要紧迫。他的外化倾向可能依然非常强烈，以至于虽然他认识到了后果，却还是无法将这种洞察力运用到自己身上。另外，他对无所不能的感觉的需要也可能仍然非常强烈，以至于即便他认识到了后果是不可避免的，也会做某些内心保留，认为自己能避开这些后果。他的理想化的形象可能仍然非常僵化，以至于他无法接受一个有神经症态度或者冲突的自己。然后，他只会对自己大发雷霆，觉得自己应该可以很容易地解决某种特殊的麻烦，就因为自己认识到了这种麻烦。认识到这些可能性是很重要的，因为若忽略了抑制患者改变动机的那些因素，精神分析就会很容易退化为休斯顿·彼得森（Houston Peterson）所说的"躁狂心理学"（Mania Psychologica），即为了心理学而心理学。在这种情况下让患者接受自己就是一种难得的收获。即便冲突本身没有发生任何变化，他也会有一种深深的解脱感，并开始表现出想从束缚着他的那张网中挣脱的迹象。一旦这种有利的工作条件建立起来，变化很快就会发生。

不用说，我上面介绍的并不是一篇关于精神分析技术的论文。我既没有想着讨论在这个过程中起作用的所有让人感到困惑的因素，也没有想着讨论所有具有治疗效果的因素。比如，我并没有讨论患者把他的所有防御性和进攻性特征带入与精神分析医生的关系之后所产生的任何利弊——虽然这是一个非常重要的因素。我描述的步骤只是在每次出现新的倾向或者冲突时患者必须经历的基本过程。这些步骤通常不可能按照所命名的顺序进行，因为就算精神分析医生已经敏锐地意识到某个问题，患者仍然可能察觉不到它。正如我们在患者自认为拥有一切权利的那个例子中看到的，一个问题可能只是揭示出了另外一个必须首先分析的问题。只要每个步骤最终都完成了，顺序就是次要的。

由精神分析工作导致的具体症状变化自然因所处理的问题而异。当患者意识到他的无意识的无能的愤怒及其背景时，恐慌状态就可能消失。当他看到自己陷入的困境时，抑郁可能会减轻。但每一次出色的精神分析也会导致患者对他人、对自己的态度发生一些普遍变化，这些变化的发生与已经解决的特殊问题无关。若我们处理的是一些彼此间差异过大的问题，如过分强调性，相信现实会如人所愿，对胁迫极度敏感等，就会发现对它们的分析也在以同样的方式影响患者的人格。无论分析的是其中的哪个难题，敌意、无助、恐惧以及与自我和他人的疏离都会减轻。比如，让我们考虑一下，在下面的每一个例子中，对自我的疏离是如何减轻的。一个过分强调性的人只有在性爱和性幻想中才会觉得自己还活着；他的成功和失败都局限在性的领域；他唯一看重的是自己的性吸引力。只有当他了解了这种情况，才能开始对生活的其他方面产生兴趣，从而找回自己。一个人的现实生活若被想象中的目标和计划束缚住了，他就看不到那个可以发挥人的作用的自己了。他既没有看到自己的局限性，也没有看到自己的实际有利条件。接受了精神分析的治疗，他就不再把自己的潜力误认为成就；他不仅能够面对，而且能够感受真实的自己。一个对胁迫极度敏感的人已经忘记了自己的欲望和信念，觉得是别人在控制和强迫他。在分析了这种情况之后，他开始知道自己真正想要的是什么，因此能够朝着自己的目标努力。

在每一次精神分析诊疗过程中，被压抑的敌意，无论其类型和来源如何，都会显现出来，使患者暂时变得更加烦躁不安。但每次随着神经症的态度的消除，非理性的敌意都会减少。当患者看到他在自己目前的麻烦中发挥的作用，而不是将麻烦外化时；当他变得不再那么脆弱、不再那么恐惧、不再那么依赖别人、不再那么苛求时，他的敌意就会减少。

敌意的减少主要是因为无助感的减轻。一个人变得越强大，就越觉得不会受到威胁。力量的积累有多个来源。患者的重心此前已经转移到了别人身上，现在回到他的内心深处，而且变稳固了；他感到更加活跃，并开始培养自己的价值观。他会逐渐拥有更多可用的能量：心中受到压抑的那部分能量被释放出来了；他变得不再那么拘谨，不再被恐惧、自卑和绝望搞得自己什么事都做不了。他可以做出理性的让步，内心变得更加坚定，而不是盲目服从、与人争斗或者发泄虐待的欲望。

最后，虽然焦虑是由于对已经建立的防御体系的破坏暂时引起的，但每一步有益的行动必然会减少焦虑，因为患者对他人和自己的恐惧减少了。

这些变化的总的结果是改善了患者与他人和自己的关系。他变得不那么孤立；随着他变得越来越强大，不再那么敌视别人，别人也就慢慢地不再是一种需要对抗、操纵或避免的威胁了。他可以对他们怀有友好的感情。他不再使用外化手段，不再鄙视自己，从而改善了同自己的关系。

若我们检查精神分析过程中发生的变化，就会发现这些变化与最初导致冲突的条件有关。而在神经症的发展过程中，所有的压力变得更加沉重，采取的治疗手段却是相反的。面对无助、恐惧、敌意和孤立，一个人对这个世界的态度会变得越来越没有意义，并且会逐渐消除。的确，一个人若有能力在平等的基础上与人相处，为何还要为了他憎恨、欺负他的那个人抹杀或牺牲自己呢？一个人若内心感到安全，能够与他人共同生活、奋斗，而不必时时担心被完全压制，为何还要对权力和别人的认同怀有永不满足的欲望呢？一个人若有能力去爱，并且不怕抗争，为何还要焦虑地回避与人交往呢？

做这项工作需要时间：一个人越纠结，越有障碍，需要的时间就越多。若有一种简短的精神分析治疗该有多好，这种愿望是可以理解的。我们希望看到更多的人从这些精神分析中受益，我们认识到，有帮助总比没有帮助强。的确，不同种类的神经症的严重程度差别很大，而轻微的神经症可以在相对较短的时间内得到解决。虽然短期心理治疗中的某些实验是有疗效的，但遗憾的是，很多实验都是基于一厢情愿的想法，并且是在对神经症中发挥作用的强大力量一无所知的情况下进行的。对于严重的神经症，我认为，只有更深地了解神经症患者的人格结构，才能缩短精神分析的过程，从而减少寻找解释的时间。

幸好，解决内心的冲突并非只有精神分析这一种办法。生活本身仍然是一个很有用的治疗师。种种体验足以告诉我们，生活会让一个人的人格发生改变。那可能是一个真正的伟人的鼓舞人心的例子；可能是一个常见的悲剧，通过让神经症患者与人密切接触，使他摆脱了自我的孤立；也可能是与志趣相投的人建立的良好关系，让患者觉得操纵或回避他人已没有必要。在其他情况下，神经症患者的行为造成的后果可能会很严重，或者出现得很频繁，以至于这些结果在患者心中留下了深刻印象，让他不再那么恐惧、固执。

然而，生活疗法不受人为控制。为了满足某个特殊的人的需要，我们无法为其安排麻烦、友谊或者宗教体验。生活这位治疗师是冷酷无情的；对这位神经症患者有益的条件可能会完全摧毁另外一位患者。正如我们所见，神经症患者认识其神经症行为后果并从中汲取经验教训的能力是非常有限的。我们更愿意这样说：若患者已经获得了从自我行为中汲取经验教训的能力，即若他能检视自己在出现的麻烦中所起的作用，理解这种作用，并将这种洞察力应用到其生活中，精神分析工作就可以安全地结束了。

认识冲突在神经症中所起的作用，并且认识到这些冲突是可以解决的，就有必要重新定义精神分析疗法的目标。虽说有很多的神经症属于医学范畴，但用医学术语定义这些目标是不可行的。因为即便是身心疾病本质上也是人格冲突的最终表现，所以治疗的目标也必须在人格的范围内进行界定。

因此，我们就有很多的治疗目标了。患者必须获得对自己负责的能力，即感到自己是生活中积极、负责的力量，有能力做出决定并承担相应后果。然后是承认对他人的义务，并相信这些义务的价值，无论这些义务涉及到的是孩子、父母、朋友、雇员、同事、社区还是国家。

与此紧密相关的目标是实现内心的独立——一种既不鄙视也不盲从别人的观点和信念的独立。这主要意味着使患者能够建立自己的价值体系并将其应用于实际生活。对他人来说，这意味着尊重他们的个性和权利，从而实现与他们平等相处。这与真正的民主理想是相符合的。

我们可以用下面这个术语定义目标：感情的自发性，即一种感情的觉醒和活跃程度，无论是爱还是恨，快乐还是悲伤，恐惧还是欲望。这包括既有能力表达意见，又有能力主动控制。爱和友谊的能力极为重要，因此在这里应该特别指出；爱既不是寄生性的依赖，也不是虐待性的支配，而是像麦克默雷（Macmurray）所说的："一种关系……它本身就是目的；因为人类分享彼此的经验是很自然的；相互理解，在共处中找到快乐和满足；彼此间敞开心扉，展示真实的自我。"

对治疗目标最全面的阐述就是追求全心全意：不虚伪，情感真诚，能够将全部身心投入到自己的感情、工作和信仰中。只有在冲突得到解决的情况下才能接近这一目标。

这些目标并不武断，之所以是治疗的有效目标，也不只是因为碰巧与历代智者追求的理想相一致。但这种巧合并非偶然，因为这些目标都是精神健康的基础。我们提出这些目标是有理由的，因为它们是从对神经症病理因素的充分认知中得出的合理结果。

我们之所以敢于提出如此高的目标，是因为我们相信人的人格是可以改变的。不只是儿童有可塑性。只要我们活着，就有能力改变自己，甚至是从根本上改变自己。这种信念是有经验支撑的。精神分析是能够导致巨变的最有效的手段之一，我们对神经症中发挥作用的各种力量理解得越深入，就越有可能促成想要的改变的发生。

精神分析医生和患者都不可能完全实现这些目标。它们是我们为之奋斗的理想，其实际价值在于给我们的治疗和生活指明方向。若我们不太清楚这些理想的含义，就可能会冒用新的理想化的形象取代旧的理想化形象的风险。我们也必须认识到，精神分析医生无力将患者变成一个完美无缺的人。他只能帮助患者变得自由，让患者可以努力接近这些理想。这意味着给了患者一个成熟和发展的机会。

译后记

在全球化的当今之世，心理学著作更具有特殊的价值承载，能够让人深刻剖析内心，清醒地凝视自己并做出反思，找到重归家园或是重新认识自我的感觉，远离工业文明所带来的重压下的精神萎顿和脆弱。

有鉴于此，我在选择《我们内心的冲突》的翻译版本时非常慎重，在仔细考量和分析各种重要版本后，精心斟酌了不同语种和文化区域的差异性，最终筛选出原汁原味的原始版本，进行了细致的翻译，力求保持实至名归的经典的魅力。在专业术语方面，我请教了相关领域的专家、学者，以便更贴近作者的思想表述，尽可能地再现原著的内容与品质。在遣词用句时，避免使用冷僻生涩之词，以符合高品质、平民化的大众阅读需求。本书作者卡伦·霍妮被誉为20世纪最伟大的女性心理学家，为此我翻阅了有关作者的各种资料，以便洞悉作者最深邃最微妙的思想，力求最大限度地还原原著。由于《我们内心的冲突》达到了一定的哲学高度，我又翻阅了相关的哲学书籍，以便在思想性上更契合原著。

总之，我给自己设定了一个绝对不低的标准，期望用自己的努力把读者引入科学的心理殿堂，帮助读者拥有一个完整、成熟、自信、内在安宁的自己。